Ayesha Manzer

Integração de Processos usando métodos formais

Ayesha Manzer

Integração de Processos usando métodos formais

ScienciaScripts

Imprint

Any brand names and product names mentioned in this book are subject to trademark, brand or patent protection and are trademarks or registered trademarks of their respective holders. The use of brand names, product names, common names, trade names, product descriptions etc. even without a particular marking in this work is in no way to be construed to mean that such names may be regarded as unrestricted in respect of trademark and brand protection legislation and could thus be used by anyone.

Cover image: www.ingimage.com

This book is a translation from the original published under ISBN 978-3-8383-4503-1.

Publisher:
Sciencia Scripts
is a trademark of
Dodo Books Indian Ocean Ltd. and OmniScriptum S.R.L publishing group

120 High Road, East Finchley, London, N2 9ED, United Kingdom
Str. Armeneasca 28/1, office 1, Chisinau MD-2012, Republic of Moldova, Europe
Printed at: see last page
ISBN: 978-620-3-19268-1

Aos meus pais

AGRADECIMENTOS

A autora expressa muitos agradecimentos ao seu supervisor Prof. Associado Ali H. Dogru pela sua orientação e encorajamento ao longo de toda a investigação. Ele apoiou a investigação com muita resistência e paciência. Estou muito grato ao apoio dos meus pais não só financeiramente mas também moralmente. Eles estiveram sempre presentes para me encorajarem. Estou grato ao governo da Turquia e do Paquistão que apoiaram esta dissertação. Estou muito grato a todos os meus amigos aqui na Turquia que tornaram possível a minha estadia num país estrangeiro. Fui apresentado às suas famílias e diverti-me muito bem com elas. Ajudou-me a superar as saudades de casa. Fui apresentado à cultura e tradições na Turquia. Achei as pessoas muito amáveis, carinhosas, prestativas e educadas. Um agradecimento especial ao Dr. Onur Demirors, que nos esclarece sempre com as suas sugestões e comentários muito úteis. Ele mostrou sempre um profundo interesse nesta investigação. Deu-nos muito tempo e orientou-nos para realizarmos este trabalho.

ÍNDICE

CAPÍTULO 1

1.INTROI UÇÃO

Procennen de core-competência para empresas de nyitemn de tanque Antes de
publicar o procennen de core-competência na Internet para integração ponnível com outros
procennen de core-competência,uma verificação inicial pode ser conseguida numa variedade
de parameternos através de um modelo formal. Um modelo de procennen a ser integrado na
Internet será facilitado se todos os procennen puderem ser reproduzidos com a sua
reprenentação matemática. Beniden fornecendo uma ferramenta para a invenção do
procennfeaturen, o modelo pode ser desprovido de um guia para uma integração
automatizada. Internet Enterprine engineering numa dinciplina emergente que ao substituir a
forma como o desenvolvimento do buninenn em curso actualmente. Alno, é ennencial
concentrar-se no buninennprocenn e numa organização'n core-competência. O modelo
proposto facilitou a monitorização de parameternos como a determinação de nyntenn de
tanque, deadlockn, e nynchronization, fornecendo uma infra-estrutura para a formação da
cadeia de valor acrescentado (Manzer, 2002).

É necessária uma infra-estrutura para a construção da cadeia de valor acrescentado na
qual cada empresa da Internet publicará a sua própria competência de base. Um produto final
será de maior qualidade, devido ao facto de apenas as corecompetências serem incorporadas.
A integração de processos é investigada para a preservação dos atributos individuais do
processo. Os processos são mapeados para sistemas de tarefas e atributos para características

de tarefas. A investigação para a preservação dos atributos é levada a cabo sobre as características da tarefa.

Na Figura 1.1, são mostrados três processos que são publicados por três empresas da Internet. A singularidade destes processos é que cada um deles representa o funcionamento de uma empresa específica. Uma integração destes processos forma uma cadeia de valor acrescentado para produtos e serviços mais complexos.

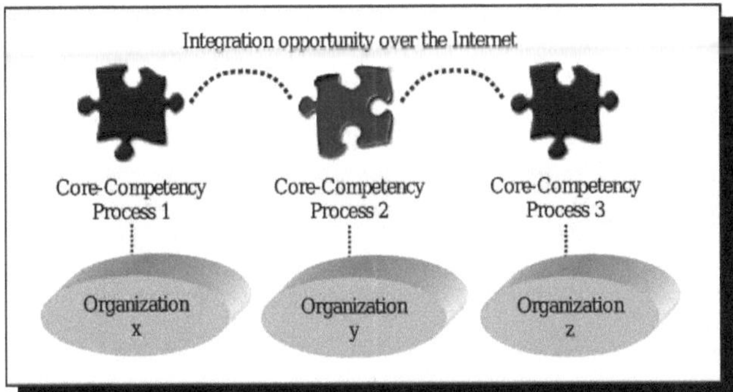

Figura 1.1. Infra-estrutura para cadeias de Valor Acrescentado

A metodologia proposta envolve representar processos em sistemas de tarefas e relacionar os atributos do processo com as características da tarefa. Equipada com o formalismo dos sistemas de tarefas, a preservação das características da tarefa é investigada para depois da integração da tarefa. O resultado é novamente projectado a partir das características da tarefa para os atributos do processo de modo a fornecer uma ferramenta para avaliar os atributos do processo numa cadeia de valor acrescentado integrada (Manzer e Dogru, 2002).

O processo de software é definido como o conjunto total de actividades necessárias para implementar uma função como um programa de computador juntamente com as suas ferramentas, métodos, estrutura e pessoas relacionadas (Delcambre e Tanik, 1998). A melhoria do processo é uma tarefa em constante evolução. Em geral, os processos devem abordar a actividade, a infra-estrutura e as dimensões das comunicações. A dimensão da actividade é vista como um método iterativo de explicação do processo, execução, recolha de medições, análise e melhoria.

A melhoria do processo é amplamente reconhecida como parte essencial das melhorias na qualidade do produto de software. O desenvolvimento de software fiável e eficaz é uma tarefa difícil de alcançar para a indústria. Parece que muitas vezes as entregas são tardias, os projectos excedem os custos esperados, não implementam a funcionalidade necessária e têm problemas de qualidade. A natureza intrinsecamente complexa do software amplifica os problemas à medida que os projectos aumentam em tamanho e complexidade. Uma forma de ultrapassar tais problemas é um esforço concentrado na melhoria dos processos da organização (Systematic Software Engineering, 2000).

A engenharia empresarial na Internet tem estado muito avançada. A fim de manter uma vantagem competitiva na Nova Economia; uma economia global transformada pela rápida evolução da tecnologia da Internet
(Hawksworth, 2001). As empresas da Internet devem concentrar-se em melhorar o processo como a sua competência principal. Em (Tanik, 2001) são utilizadas a estratégia T e operações de tempo zero para processos de competência central.

A engenharia de software necessita de uma base teórica e, em particular, de fundamentos matemáticos como outras disciplinas de engenharia (Abrial, 1992). Esta dissertação apresenta processos de competência de núcleo utilizando notações matemáticas em sistemas de tarefas. O objectivo é reduzir os riscos relacionados com o custo, manutenção, e fiabilidade. Assim, melhorar a qualidade de um produto final.

O trabalho relacionado com esta tese é apresentado no capítulo 2. São mencionadas várias contribuições de investigação. As tecnologias, modelos e métodos mais recentes são explorados. O capítulo 3 indica a motivação para esta investigação. O que está disponível e o que falta na indústria conduz a direcção desta dissertação. O capítulo 4 explica os sistemas de tarefas utilizados na teoria dos sistemas operativos. Todas as características de tarefa seleccionadas são explicadas juntamente com as definições e teoremas que utilizam notações matemáticas. O capítulo 5 é o capítulo central da tese. Neste capítulo, os processos são mapeados individualmente para as características da tarefa. Um processo de exemplo é modelado. A preservação das características da tarefa é observada após a integração dos processos. O capítulo 6 explica os atributos do processo. Os atributos do processo são escolhidos após um levantamento bibliográfico. Os atributos do processo de alto nível estão correlacionados com as características da tarefa de baixo nível com a representação matemática. O mapeamento dos atributos para as características da tarefa e a integração dos sub-processos são demonstrados através de estudos de caso. Nestes estudos de caso, as características da tarefa são investigadas para os sub-sistemas e super-sistemas. Além disso, o mapeamento dos atributos dos processos às características das tarefas é feito para os sub-sistemas e super-sistemas. O capítulo 7 é a conclusão e também explora a possibilidade do trabalho futuro.

Antecedentes

É amplamente aceite que o desenvolvimento de um produto de software requer uma disciplina de engenharia; por conseguinte, a utilização do termo engenharia de software é válida. A engenharia de software na prática trata do desenvolvimento de grandes e muitas vezes complexos sistemas de processamento de informação. A investigação está baseada numa teoria matemática que reflecte o núcleo teórico de um método. Isto permite não só dar semântica às técnicas de descrição mas, além disso, explica e justifica o método como um racional matemático (Broy, 2001). Isto inclui técnicas para os requisitos e definição de sistemas nas suas fases de desenvolvimento. O principal objectivo é a qualidade do processo de engenharia, bem como a alta produtividade.

É um facto que o negócio principal de todas as empresas depende das tecnologias de informação. O foco não é o software. Deve ser o "processo" e a modelização de processos. A melhor aplicação disto é através de implementações de software actuando na promulgação dos processos. Ao considerar a qualidade do software, a melhoria do processo nos processos organizacionais e nos produtos terá de desempenhar um papel importante. A deficiência ou falta de melhoria do processo é a fonte de muitos problemas e, portanto, é um dos elementos críticos na prática de gestão da qualidade (Systematic Software Engineering, 2000).

No que diz respeito à automatização, a representação do processo torna-se essencial no redesenho do trabalho e na atribuição de responsabilidades entre seres humanos e computadores (Curtis et al., 1992). Este requisito reflecte uma boa compreensão dos processos de representação matemática no sistema. Muitas pesquisas sobre modelação de processos têm sido conduzidas pelas organizações de desenvolvimento de software. Afirma-se que as redes de petri são um formalismo poderoso para descrever processos, incluindo o paralelismo de actividades com estes processos em (Gruhn e Lembke, 1998). (Petri Net Approach for FUNSOFT) A abordagem PARFUN é fundada uma vez que diferentes utilizadores preferem diferentes técnicas para expressar os aspectos de dados e os aspectos organizacionais dos modelos de processos. O objectivo da abordagem PARFUN é descrever os aspectos do processo utilizando redes de Petri e permitir uma fácil ligação entre as técnicas de modelação de dados e as técnicas de modelação organizacional. Com base na técnica de modelação orientada para objectos, tornou-se óbvio que nem todos os aspectos necessários para a actualização do PARFUN são apoiados por uma técnica seleccionada de modelação de dados. Em tais casos, é necessário verificar se os aspectos do PARFUN podem ser tratados e acrescentados se for obrigatório. A questão de como os modelos de processo, que foram desenvolvidos para certos tipos podem ser aplicados a instâncias dos seus subtipos, permanece nesta teoria.

Ao longo da dimensão da infra-estrutura, é necessária tecnologia de processo e incluir ferramentas para sustentar o desenvolvimento e execução do modelo de processo.

Para começar, uma organização deveria ter adquirido as línguas e ferramentas necessárias para a modelação de processos. Uma vez desenvolvidos os modelos de processos, estes transformam-se num recurso da organização. Uma base de dados de métricas de processos resulta da execução. Um histórico da capacidade do processo torna-se um activo da organização para medir a qualidade, a fim de avaliar objectivamente a eficácia da melhoria do processo.

É elementar estabelecer as relações entre as actividades de desenvolvimento do software e as actividades de apoio ao processo. O apoio ao processo é definido para incluir a função de melhoria do processo, bem como o desenvolvimento da tecnologia do processo. As consequências da modelização de processos fornecem feedback a ser utilizado no desenvolvimento de tecnologia de processos. O feedback à engenharia de software é na forma de melhoria do processo, enquanto o grupo de tecnologia de processos recebe as sugestões para melhorar as ferramentas e metodologias de apoio.

Os modelos matemáticos tornaram-se o principal instrumento na tomada de decisões e no estudo de sistemas complexos nas finanças modernas, economia, saúde pública, ambiente e ciências sociais, bem como em outros campos. Os modelos mencionados são fracos na expressão da opinião dos peritos do domínio. Também não são adequados para a previsão. Uma grande quantidade de informação crítica sobre sistemas complexos que devem ser modelados está numa forma de conhecimento e experiência in-formal e intuição de peritos que trabalham com esses sistemas. Os métodos que controlam a fiabilidade desses conhecimentos especializados têm vindo a melhorar constantemente (Brusilovskiy e Tilman, 1996).

(Koomen e Martin, 1999) estudaram que a qualidade se refere à fiabilidade, à entrega no prazo e dentro do orçamento, e ao cumprimento do objectivo inicial, que é o de oferecer uma solução para um problema. Muitos problemas podem ser evitados se, como resultado de uma boa análise de risco, se chegar à conclusão de que a implementação bem sucedida de uma libertação não pode ser feita, ou só pode ser feita parcialmente. As medidas de detecção de um sistema de qualidade estão relacionadas com a revisão, simulação, inspecção, auditoria, amostragem, verificação documental, passagem, e assim por diante.

A primeira melhoria está na previsibilidade à medida que uma organização amadurece. À medida que a maturidade aumenta, a diferença entre os resultados visados e os resultados reais diminui entre os projectos. A segunda melhoria está no controlo. À medida que a maturidade aumenta, a variabilidade dos resultados reais em torno dos resultados visados diminui. A terceira melhoria está na eficácia. Os resultados direccionados melhoram à medida que a maturidade da organização aumenta. Isto é, à medida que uma organização de software amadurece, os custos diminuem, o tempo de desenvolvimento torna-se mais curto, e a produtividade e a qualidade aumentam.

CAPÍTULO 2

2.TRABALHO RELACIONADO

Core-Competências

Um núcleo de competência está a tornar-se um factor vital para um número crescente de empresas. A "core-competency" é o processo chave para uma organização; embora possa haver uma variedade de tarefas de apoio para a entrega de um serviço ou produto. A maioria destas tarefas pode ser subcontratada (ou seja, fornecida por fontes externas), excepto no que diz respeito à componente de "core-competency". A tendência é desenvolver apenas o produto principal e subcontratar o resto, por ser mais competitivo. Como resultado, as empresas estão a concentrar-se principalmente naquilo em que são melhores.

As empresas da Internet podem beneficiar muito concentrando os seus esforços na melhoria do seu processo como a sua principal competência (Tanik, 2001). Esta investigação fornece um modelo formal com uma verificação inicial dos processos de core-competência utilizando diferentes parâmetros. Os parâmetros focalizados são determinação, bloqueios, exclusão mútua e sincronização. Numa infra-estrutura de construção de cadeias de valor acrescentado, cada empresa publicará a sua própria "core-competência" na Internet. Além disso, uma empresa pode adicionar a sua core-competência a um super-processo no desenvolvimento. Desta forma, um produto final será de maior qualidade, devido ao facto de que apenas os processos incorporados são os de core-competências.

Componente-tecnologia

Existem várias soluções técnicas para um problema de software numa unidade de negócio, tais como soluções chave na mão, soluções de enquadramento baseadas em componentes, e soluções de desenvolvimento à medida. Em (Larsen, 2000), o autor vê a estrutura baseada em componentes como uma pirâmide e começa como se segue:

Primeiro (Hopkins, 2000) identifica os principais elementos e características que compõem os componentes. Construindo sobre essa base, (Kobryn, 2000) delineia as capacidades UML actuais e futuras para modelar componentes e estruturas. Este artigo utiliza uma arquitectura de referência EJB e COM+ como exemplos centrais de como modelar os sistemas actuais baseados na Web, distribuídos e baseados em componentes, utilizando UML. Além disso, (Fayad, et. al, 2000) expande as estruturas baseadas em componentes ao discutir as principais características das estruturas empresariais OO. O artigo aborda a noção de adequação das estruturas, a capacidade de uma estrutura ser devidamente equilibrada para um dado contexto, abrangendo tanto as características técnicas como não técnicas das estruturas e aplicando-as a soluções de e-business. (Sparling, 2000) continua com a partilha de conhecimentos e lições aprendidas no desenvolvimento de componentes ao longo dos últimos seis anos. (Sparling, 2000) discute os lados bom e mau das lições aprendidas; cobrindo tanto questões técnicas como questões de processo e gestão encontradas ao fazer o desenvolvimento baseado em componentes. Com estas medidas em vigor (Jian, et. al., 2000) toma uma estrutura do mundo real e discute alguns dos seus principais componentes e características para resolver questões de arquitectura paralela do mundo real e de desempenho. No final (Fingar, 2000) discute a aplicação de estruturas aos actuais ambientes técnicos do e-business. (Fingar, 2000) aborda as questões de como as estruturas de comércio electrónico baseadas em componentes são essenciais para a agilidade de que as empresas necessitam para responder às rápidas mudanças dos modelos de comércio electrónico, bem como ao estado actual do XML na construção e utilização dessas estruturas.

Os componentes são blocos de construção de software reutilizáveis. Um componente é uma peça encapsulada de código que mantém alguma informação e pode realizar várias operações sobre a informação. As operações são acedidas através de uma interface bem definida. Um componente distingue-se de um objecto por três características básicas:

- Um componente é concebido para que possa ser reutilizado dentro de outra aplicação chamada contentor.

- A granularidade de um componente pode variar desde uma única classe até um serviço de aplicação completo.

- Um componente é concebido para ser reutilizado sem acesso ao código fonte. Um componente é acedido e manipulado através de uma interface definida publicamente.

Diferentes cientistas de acordo com a sua compreensão, necessidades e contextos definem uma componente de várias maneiras. Uma definição é que "Um componente de software é um pacote físico de software executável com uma interface bem definida e publicada" (Hopkins, 2000). Um componente é definido como uma entidade independente com plena funcionalidade para executar uma tarefa específica e com capacidade de interagir com outras entidades, isto é, cooperar com as suas funcionalidades para executar tarefas mais complexas num ambiente heterogéneo, e independente de plataforma.

Os componentes são ligados para cumprir as especificações na utilização da estrutura. As estruturas fornecem relações, integridade estrutural e dinâmica, bem como as possibilidades de extensão de modificação para uma dada aplicação. As soluções de estruturas baseadas em componentes são implementações parciais, especificando a natureza e a forma de extensão da estrutura com componentes plugáveis. As estruturas fornecem a embalagem da aplicação através de componentes.

As estruturas baseadas em componentes baseiam-se em tecnologias OO, criando um melhor argumento para uma potencial reutilização e abstracção. As estruturas baseadas em componentes baseiam-se na utilização de antigas técnicas de modelação e são melhor aproveitadas através da modelação e visualização via Linguagem de Modelação Unificada (UML) (Kobryn, 2000).

A fim de reutilizar os componentes existentes, deve haver um fornecimento pronto de componentes bem construídos e aplicáveis que possam ser descobertos e licenciados. Também tem de haver um modelo de componentes que suporte a montagem e interacção de componentes. Tem de haver um "backplane" padrão no qual os componentes possam existir e comunicar. Finalmente, tem de haver um processo e arquitecturas que apoiem o desenvolvimento baseado em componentes. Um componente é uma manifestação física de um objecto que tem uma interface bem definida e um conjunto de implementação para a interface (Hopkins, 2000).

(Dogru, 1999) declarou que os componentes vinham atrás de objectos, emprestando uma variedade de conceitos, com algumas modificações numa forma de inclusões e algumas exclusões. As duas inclusões mais importantes são a capacidade de implementação e a capacidade de integração, mesmo em tempo de execução. A "interface" de um componente é mais forte do que um objecto: um protocolo mais listas de eventos, para além de propriedades e métodos.

Existem algumas diferenças interessantes entre os objectos e os componentes, especialmente quando se consideram as capacidades de composição. Para construir unidades complexas, os objectos utilizam o conceito de *herança* a maior parte do tempo, enquanto que os componentes são restringidos com a *composição*. Por outras palavras, um desenvolvedor liga um número de componentes para fazer um super componente. A herança é uma tarefa de cima para baixo, enquanto que a composição é obviamente de baixo para cima.

No campo do software, o sucesso preliminar em componentes GUI (Graphical User Interface) depende da oferta de bibliotecas de componentes para diferentes domínios na mesma indústria. Em qualquer domínio, se o sistema for muito complicado, a sua concepção não pode começar com uma abstracção de baixo nível. Qualquer sistema é decomposto em módulos abstractos no início. Depois virá uma fase em que um módulo é igualado por um componente existente. Neste ponto, há duas opções; um componente pode estar pronto para inclusão, ou deve ser pesquisado em toda a Internet. O pior cenário é onde o componente precisa de ser produzido a partir do zero.

Um campo de engenharia de componentes é considerado como a aceitação de nomes padrão para componentes na mesma indústria. Um engenheiro de design digital conhece uma série de componentes disponíveis, mesmo alguns pelos seus nomes de código. Por exemplo, "7400" significa quatro portões NAND num chip, com uma certa descrição de pinos para ligações de entrada/saída. Supercomponentes como os contadores para cima/para baixo incluem a abundância de componentes mais pequenos, como os portões NAND. Um sistema grande é decomposto com a consideração sobre chips acessíveis. Hoje em dia, um designer de Interface Gráfica de Utilizador (GUI) tem uma boa percepção de um 'botão de pressão' ou de uma 'caixa combinada'. O relatório idêntico apresentou também um modelo geral de processo para a engenharia de software e empresas virtuais, baseado na tecnologia de componentes.

A procura de componentes poderia direccionar o paradigma para uma expectativa futura excitante: Localização automática dos componentes e integração destes componentes no sistema, seguindo a sua especificação. Isto depende da semântica que é bem aceite por : componentes existentes e especificação do sistema. As pesquisas serão levadas a cabo através da supervisão humana num futuro próximo. O Paradigma do Design Abstrato apoia a ideia de obter o máximo de ajuda automatizada possível, mantendo o ser humano em ciclos de decisão.

Uma diferença significativa entre as abordagens OO e CO é a utilização da herança. A herança é a resposta elementar à complexidade na modelação OO. Enquanto que a fase chave para alavancar a "integração de componentes" deixa de fora a herança e capitaliza a composição. Os detalhes internos de um módulo poderiam incluir a herança. Por exemplo, um componente da Caixa Combo poderia herdar de uma Caixa de Listagem durante o desenvolvimento. Uma vez na forma de um componente binário, a única preocupação está na definição da interface para a Caixa Combo. A sua herança ou como foi construída não tem qualquer importância para o projectista. Haverá casos em que os componentes de nível intermédio poderão ser representados de forma mais eloquente através da herança. Para esses casos, a incorporação das relações de herança é opcional.

Integração de Processos de Core-Competência

A troca de informações diz respeito a processos tais como pedidos de cotação, licitações, ordens de compra, conformações de encomendas, documentos de expedição, facturas e pagamentos. Desta forma, múltiplas empresas dentro de um segmento de mercado partilhado podem planear, implementar e gerir em colaboração o fluxo de bens, serviços e informação ao longo do sistema de valores de forma a aumentar o valor do produto e optimizar a eficiência da cadeia (Dobbs, 1998). A integração da cadeia de valor significa que o sistema empresarial de uma empresa já não pode ser confinado a processos internos, programas e repositórios de dados. Em vez disso, devem interoperar com outros sistemas de pares que apoiam elos da cadeia de fornecimento (Yang e Papazoglou, 2000).

Uma saída após a execução de uma tarefa ou a conclusão de um processo pode ser um input para outra tarefa. Este comportamento de tarefas pode desempenhar um papel fundamental para a integração dos processos. Uma vez conhecidas as entradas e saídas de cada tarefa, é fácil fixar os componentes do processo de competência central uns nos outros, numa cadeia de valor acrescentado. Esta operação pode ser apoiada por um sistema de tarefas com a verificação de alguns factores de qualidade e a sua conservação após a integração.

(Tanik e Ertas, 1997) indicaram que muita informação foi acumulada sobre este assunto. Assim, é tempo de investigar sobre a automatização da integração da informação. As características de processos individuais podem ser investigadas no caso da sua integração. A integração significa fazer um processo maior utilizando um conjunto de processos através da ligação de processos em rede. A cessação de um processo "componente" desencadeia o início de outro. Também a saída de um processo pode ser introduzida para outro processo na rede, representando o sistema de processos "integrados". Neste esforço de integração, o objectivo é investigar a preservação das características do processo. Uma vez integrados dois processos determinados individualmente, isto produz um super-processo determinado. Isto implica alguma fiabilidade para a cadeia de produção integrada. Deve haver uma forma estruturada de fazer a integração. Após o aparecimento das tecnologias componentes, o paradigma "construir pela integração" está a ganhar ímpeto. Os componentes são unidades de software, desenvolvidas para efeitos de integração por terceiros. A integração de processos é também muito importante. A noção poderia ser adaptada a qualquer esforço relacionado, tal como a construção de processos complexos a partir de processos mais pequenos e bem definidos. O contexto nesta dissertação é a construção de cadeias de valor acrescentado no sentido empresarial, através da integração de processos mais pequenos correspondentes às competências nucleares de organizações individuais.

Integração Empresarial

(Yang e Papazoglou, 2000) declararam que o comércio electrónico não é simplesmente sobre transacções comerciais que correm pela Internet, mas é basicamente sobre o fluxo de informação. A troca de informação diz respeito a assuntos como pedidos de cotação, ofertas, ordens de compra, conformação de encomendas, documentos de expedição, facturas, e informação sobre pagamentos. Desta forma, múltiplas empresas dentro de um segmento de mercado partilhado podem planear, implementar e gerir em colaboração o fluxo de bens, serviços e informação de uma forma que aumenta o valor percebido pelo cliente e optimiza a eficiência da cadeia. As cadeias de valor da empresa são transformadas em sistemas integrados de valor se forem concebidas para actuar como uma "empresa alargada", criando e aumentando o valor percepcionado pelo cliente através da colaboração entre empresas.

Cadeias de valor que realizam transacções de comércio electrónico podem ser realizadas utilizando um conjunto de definições de processos. Isto irá melhorar os processos empresariais que operam dentro ou através de organizações. O sucesso de uma aplicação de comércio electrónico depende de sistemas de fluxo de trabalho que devem ser capazes de suportar uma visão integrada de todos os elementos empresariais que atravessam as fronteiras departamentais e gerem todo o fluxo operacional do negócio. Isto requer funções empresariais integradas, interfaces, programas de aplicação, bases de dados, e sistemas legados entre departamentos e grupos. Este tipo de tecnologia de fluxo de trabalho distribuído permite que os processos empresariais sejam partilhados e transmitidos através da cadeia de valor.

Todo o conceito de computação distribuída pode ser visto como uma simples rede global de cooperação em objectos comerciais. Além disso, os sistemas legados de missão crítica podem ser modificados com a ajuda de "invólucros" e podem fazer parte do ambiente de objectos distribuídos. O objectivo da tecnologia de fluxo de trabalho distribuído para cadeias de valor integradas é gerir aplicações de longo prazo, orientadas para processos, que automatizam processos empresariais através de redes à escala da empresa. As actividades de fluxo de trabalho podem começar com aplicações existentes, por exemplo, objectos herdados (embrulhados), e combiná-los com aplicações recentemente desenvolvidas que compreendem objectos e processos empresariais.

Os objectos de negócio acrescentam valor a um negócio, proporcionando uma forma de gerir a complexidade e dando uma perspectiva de nível superior que é compreensível para o negócio. Um dos requisitos mais importantes para a interoperabilidade é a compatibilidade ao nível da empresa. Na maioria dos casos, isto requer uma formalização do processo através da expressão de intercâmbios de processos empresariais de uma forma consistente e extensível, a fim de facilitar a comunicação entre processos empresariais e permitir o intercâmbio electrónico. À medida que o comércio electrónico se concentra cada vez mais nas comunicações transempresariais, e que o número de parceiros comerciais e a sofisticação das aplicações comerciais aumentam, a necessidade de harmonizar os modelos de negócios, processos e formatos de representação aumenta rapidamente. As empresas devem responder rapidamente a novas exigências sem interromper o curso dos negócios. Tais mudanças devem ser mapeadas ao nível do objecto comercial e relacionadas com os modelos empresariais existentes.

As implementações de fluxos de trabalho de processos empresariais não se limitam a processos transaccionais ou transacções clássicas, mas podem também ser processos não transaccionais. Cadeias de valor integradas exigem paradigmas de transacção avançados que se relacionam com os seus processos empresariais.

Modelos de sincronização de processos

Mou e Tanik (1999) sugeriram que um processo poderia estar relacionado matematicamente com três conjuntos de elementos que são um conjunto de tarefas, um conjunto de recursos, e um conjunto de restrições. Muitos modelos de sincronização foram desenvolvidos no passado para definir as interacções entre vários elementos de um processo. A atribuição de recursos limitados às várias tarefas é o principal constrangimento. O estudo de sistemas de sincronização tem sido aplicado a sistemas operacionais informáticos para evitar bloqueios, inanição, etc., há muito tempo atrás. Um efeito particular da alocação e utilização de recursos num sistema de sincronização é o impasse. Vários modelos matemáticos de sincronização foram comparados pelas suas capacidades de lidar com bloqueios. Isto mostra mais discernimento sobre a alocação de recursos e também fornece uma base teórica para a antecipação, prevenção, detecção e recuperação de bloqueios.

Na literatura são apresentados quatro modelos de sincronização que são modelo de sistemas de tarefas, modelo de rede encaminhada, modelo de rede petri, e modelo de sistemas de recursos gerais. Não existe uma forma simples e natural de representar a sincronização entre processos. Os modelos gráficos acima mencionados parecem oferecer as representações mais naturais, uma vez que são geralmente dispositivos descritivos fáceis de descrever. O modelo de sistemas de tarefas foi desenvolvido por (Coffman e Denning, 1973). Uma tarefa é especificada em termos do seu comportamento externo, por exemplo, as entradas que requer, as saídas que gera, a sua acção ou funções e o seu tempo de execução. No modelo de sistemas de tarefas, assume-se que uma tarefa consiste numa sequência de etapas de trabalho durante cada uma das quais a utilização de recursos permanece constante. A utilização de gráficos simplifica as propriedades de um modelo formal de atribuição de recursos. A representação gráfica mais simples define um gráfico dirigido Gk como um conjunto de m vértices correspondentes aos tipos de recursos $R_i,...,$ Rm. Um circuito num gráfico dirigido Gk não é geralmente uma condição suficiente para a existência de um impasse. As correntes representadas num circuito de Gk não precisam de controlar todos os recursos para um determinado tipo. No caso especial do vector de capacidade do sistema ($w_{ji} = w_{j2} = ... = w_{jh} = 1$) a existência de um circuito é uma condição necessária e suficiente para a existência de um impasse.

Uma rede encaminhada (Ahuja, 1976) é uma rede de comunicações de armazenamento e encaminhamento em que todas as transmissões de mensagens seguem rotas pré-definidas através da rede. Uma rota é definida como um caminho dirigido do gráfico G, de tal forma que nenhum nó é encontrado mais do que uma vez. Uma mensagem é uma entidade de dados que ocupa um buffer em qualquer altura.

Uma rede de petri é um gráfico dirigido que pode ter dois tipos de nós chamados lugares e transições. Cada arco direccionado liga apenas transições a lugares e lugares a transições. A transição representa um evento e o lugar representa uma condição. Cada lugar pode ter marcadores (fichas). Uma transição com marcadores em todos os seus lugares de entrada é chamada activada (firable). A existência de um marcador num lugar indica a satisfação de uma condição. No acto de disparo, a transição escolhe um marcador de cada um dos seus locais de saída. Quando duas transições que têm um local de entrada comum são ambas activadas, mas o local de entrada comum tem apenas um marcador, diz-se que as transições estão em conflito. Foi demonstrado que, para um gráfico marcado fortemente ligado, existe uma transição que nunca pode disparar (transição morta) se e só se existir um ciclo dirigido sem qualquer símbolo. Uma rede é segura se nenhum lugar dentro dela tiver mais do que um marcador de cada vez.

O modelo gráfico geral de recursos foi utilizado por (Holt, 1971) na análise do problema do impasse. Um gráfico geral de recursos é um gráfico bipartido dirigido, cujos conjuntos de nós são processos (n) e recursos (R). Juntamente com um número inteiro não negativo (unidades disponíveis) vector (u1, u2, ..., um). As margens de pedido são dirigidas a partir de nós de processo. Os bordos de atribuição são dirigidos a partir de nós de recursos reutilizáveis. Os bordos de produção são dirigidos a partir de nós de recursos consumíveis. Os recursos reutilizáveis são dispositivos físicos tais como memória e discos ou estruturas de informação tais como registos num ficheiro. Os recursos consumíveis são vários tipos de mensagens, tais como interrupções externas. Num gráfico geral de recursos, um ciclo é uma condição necessária para um impasse e se o gráfico for expediente, então um nó (um conjunto K de nós tal que o conjunto alcançável de cada nó é K) é uma condição suficiente para um impasse. Se um processo pode solicitar apenas uma unidade de cada vez, então um gráfico de recurso geral expediente com um único pedido de unidade está num estado de impasse se e só se contiver um nó. Entre os quatro modelos, a rede de petri é considerada a mais básica. As vantagens e desvantagens destes quatro modelos são mostradas no quadro 2.1.

Quadro 2.1. Comparação de quatro modelos

Modelo	Vantagens	Desvantagens
Modelo de sistemas de tarefas	1. A modelação é realizada ao nível do início e do fim das tarefas 2. A representação gráfica é possível 3. A formulação de relações entre tarefas é tornada simples e natural	1. O vector que é o tipo para os recursos representa a capacidade do sistema. 2. A representação como uma adição vectorial para o sistema não é transparente.
Modelo de rede encaminhada	A aplicação a uma rede de computadores, bem como a um único sistema informático, é possível	1. As rotas são fixas e há um número fixo de mensagens numa rota em qualquer altura. 2. A definição de uma tarefa utiliza o conceito de uma rota que torna a definição desnecessariamente complexa.
Modelo de rede Petri	1. As propriedades matemáticas são bem compreendidas 2. Os subconjuntos e superconjuntos são bem estudados e investigados 3. É possível representar a estrutura de controlo de programas com redes de petri. Assim, podem ser utilizados na análise estática de programas	1. O conceito de disparo de transição torna a avaliação das redes de petri difícil para as descrições de sistemas complicados 2. A representação da rede Petri existe quando a contagem (ocorrência de um evento) é delimitada, mas não quando não é delimitada 3. Para programas grandes o conjunto de marcação necessita de um espaço proibitivamente grande
Modelo geral de sistemas de recursos	1. Diferencia entre recursos reutilizáveis e consumíveis 2. Existe uma representação gráfica fácil	Não é fácil de aplicar ao problema de prevenção de impasses

Métodos de engenharia de software

Broy (2001) diz que, à semelhança de outras disciplinas de engenharia, a engenharia de software necessita de uma base teórica e, em particular, de fundamentos matemáticos. Há muitas linguagens de modelação disponíveis para o desenvolvimento de sistemas de software. Estas linguagens são orientadas para a sintaxe e carecem de uma base semântica adequada

(Broy 2001). Falta uma descrição precisa e um entendimento comum da semântica, bem como das relações descritivas entre os vários diagramas dos sistemas de software. Afirma-se que grande parte da teoria já está hoje disponível para fornecer uma base semântica para técnicas de descrição na engenharia de software. O objectivo é a teoria matemática que reflecte o método teórico com as técnicas de descrição, para além de elaborar e justificar o método como racional matemático.

Geralmente, o objectivo do processo de desenvolvimento de software é elaborar um modelo da aplicação representado por formalismos com uma parte de execução eficiente disponível. A desvantagem de seguir um método mais amplamente utilizado é o tedioso trabalho necessário para formalizar muitos detalhes técnicos do método escolhido. Isto pode tornar a formalização difícil como resultado de fracas decisões de concepção no desenho do método considerado devido à deficiência dos fundamentos científicos. Por esta razão, é esboçado um conjunto de técnicas de descrição do núcleo e o seu significado é especificado por técnicas matemáticas. Isto oferece a base semântica que falta nos métodos actuais, para a integração dos documentos. Na engenharia de software, vários formalismos de descrição complementares são utilizados para fornecer um conjunto de documentos. A integração destes formalismos de descrição na base de uma base matemática bem seleccionada é um requisito obrigatório para métodos mais avançados de desenvolvimento de software e para um suporte de ferramentas mais sofisticado.

Engenheiros de software práticos tendem a enfatizar excessivamente a importância dos formalismos de descrição em termos de sintaxe. Por outro lado, os teóricos subestimam frequentemente o significado da notação. Na engenharia de software, os modelos de dados são necessários para confinar as estruturas de informação e dados envolvidos num domínio de aplicação. Um modelo de dados é sempre considerado como um conjunto com as suas relações emblemáticas e operações características. Uma descrição muito potente de modelos de dados são tipos de dados algébricos que descrevem tipos e funções através de axiomas lógicos que captam as suas propriedades características. Descrevem os tipos de dados e as suas operações características num resumo e representam-nos independentemente. A informação de implementação é escondida.

A estruturação dos sistemas de software numa família de componentes que cooperam é um dos passos cruciais no desenvolvimento de grandes sistemas de software. Isto leva à arquitectura de software. A arquitectura de software descreve um sistema de software como um sistema distribuído com componentes que interagem entre si. Um diagrama de fluxo de dados fornece uma visão estática dos conjuntos de componentes e das ligações entre eles. Os diagramas de fluxo de dados podem ser anotados através de informações sobre os tipos de mensagens trocadas num

ligação de dados. Isto fornece uma descrição das interfaces sintácticas dos componentes de um sistema. O lado fraco dos diagramas de fluxo de dados é as suas possibilidades limitadas de especificar o comportamento dos sistemas. Especificam quais os componentes existentes e quais podem trocar mensagens, no entanto, isto não diz muito sobre as relações subjacentes das mensagens trocadas. Outro ponto fraco dos diagramas de fluxo de dados é que descrevem apenas a estrutura estática e sintáctica de um sistema. Só apoiam enquanto os conjuntos de componentes de um sistema forem estáticos. Assim que os conjuntos de componentes se tornam dinâmicos, é inviável fornecer uma visão estática dos sistemas através de redes de fluxo de dados. A partir de uma abordagem matemática, um modelo de dados consiste numa álgebra heterogénea com uma família de conjuntos portadores e uma família de funções. A álgebra heterogénea pode ser utilizada para captar aspectos variados de sistemas de software que muitas vezes vão para além dos aspectos puros da estrutura de informação.

Uma forma construtiva de dar um significado formal aos diagramas é o seu mapeamento em fórmulas lógicas. Um sistema é pensado numa série de subsistemas que são componentes. De facto, um sistema em si é e pode ser utilizado como componente novamente como parte de um sistema maior. Um componente é uma unidade encapsulada com um corte claro e preciso de interface especificada. Um sistema distribuído interactivo consiste numa família de componentes que interagem; chamados agentes ou objectos.

Os modelos de sistema servem de base para compreender tanto a especificação dos requisitos como a concepção do sistema. Em algumas aplicações particulares, para além do modelo do sistema para o software, são necessários modelos específicos de domínio que representem estruturas típicas das aplicações. É o passo crucial na engenharia de sistemas mapear o domínio da aplicação para as técnicas de descrição do método utilizado.

É necessária uma base científica como um passo para um estudo mais sistemático dos métodos de engenharia de software. Apenas se houvesse critérios gerais que comparassem o poder expressivo e a qualidade dos métodos de engenharia de software, o sujeito estaria livre de pontos de vista dogmáticos e de juízos baseados no marketing. Isto, prepara o terreno para sistemas e métodos de engenharia de software cientificamente justificados e praticamente rastreáveis.

Descrição do processo

O modelo de sistema de tarefas de (Coffman e Denning, 1973) fornece a base para representar os componentes do processo de software. O modelo de sistema de tarefas foi utilizado pela primeira vez para descrever processos concorrentes como sistemas de tarefas no contexto de sistemas operacionais. Tem também os mecanismos para tratar de problemas associados à determinação, impasse, exclusão mútua, e sincronização.

O processo de software é visto como uma entidade que abrange o tempo. Como resultado, as descrições de processos utilizando os sistemas de tarefas utilizam dois níveis de abstracção, subsequentes à descrição genérica e à representação dinâmica. Antigamente à execução, uma descrição genérica é uma "imagem" de como o processo deve ser. O tempo não intervém ao nível da descrição genérica, pelo que se pode esperar uma forma estática. Ao nível da descrição genérica, os fundamentos do processo são descritos como tipos. O objectivo das descrições genéricas é o de estabelecer um padrão para o processo de uma organização. Como resultado, um requisito que utilize a descrição genérica tem a capacidade de efectuar análises estáticas e minimizar mais cedo a execução. Mais tarde, a descrição genérica é modificada para uma forma dinâmica, na qual recursos específicos podem ser atribuídos aos tipos tal como definidos. A versão dinâmica do processo evolui à medida que o tempo decorre (Delcambre e Tanik, 1998).

O processo de software inclui tarefas, que são executadas para produzir a produção. Cada tarefa é uma unidade de actividade não interpretada e computacional. Não-interpretada significa que a semântica, granularidade e funcionalidade das tarefas não estão definidas. A execução de uma tarefa pode exigir o apoio de um grupo de pessoas da organização. Uma tarefa pode também representar uma série de passos que definem uma actividade ao nível da metodologia, onde a lituidade de execução requer os talentos de decisão de uma única pessoa. Por outro lado, uma tarefa pode também representar uma etapa de baixo nível para ser executada por um computador.

As entradas representam os requisitos da tarefa. As saídas são criadas pela execução de uma tarefa. Uma entrada clássica de uma tarefa pode ser uma ferramenta tal como um compilador, um engenheiro de software, ou um produto de software intermédio tal como um desenho de módulo. Uma entrada pode também representar uma limitação no início da actividade, tal como autorização para iniciar a codificação por parte da organização cliente. Uma saída representa algo formado por actividades que ocorrem dentro da tarefa. Assume-se que os resultados são acessíveis uma vez que a tarefa tenha sido concluída com sucesso. Os resultados da tarefa podem também representar restrições, que foram cumpridas, tais como um módulo, que passou em todos os seus testes unitários. Uma saída gerada por uma tarefa anterior pode servir como entrada para tarefas sucessivas. Quando uma distinção não é obrigatória, o termo "recurso" é utilizado para se referir a uma entrada ou saída de uma tarefa. A definição de tarefa é mostrada na figura 2.1 abaixo.

Execução
I ----------------------------- O
Tarefa

Figura 2.1. Definição das tarefas

Cada tarefa no processo tem um início e um fim. Na iniciação, a tarefa começa a ser executada. Se for necessário um recurso humano, a iniciação da tarefa tem lugar quando iniciada pela pessoa designada e todos os outros inputs existem para a tarefa. Se a tarefa puder ser executada com a ajuda humana, as entradas obrigatórias são adequadas para que a execução comece. No final da tarefa, a execução tem de ser concluída e todas as saídas devem existir, dado que o processamento foi bem sucedido. Se a tarefa for concluída sem êxito, pode exigir uma execução recorrente.

Um processo que é mais do que trivial requer a coordenação de diferentes tarefas para produzir o seu resultado desejado. A sincronização directa entre duas tarefas é realizada estabelecendo um mecanismo de ordem tal como a segunda tarefa espera para ser executada até que a execução da primeira tarefa esteja concluída. Duas tarefas que requerem sincronização são sequenciais enquanto duas tarefas independentes não necessitam de sincronização e podem ser executadas em paralelo.

Os três elementos de um processo num sistema de tarefas são tarefas, as suas especificações de recursos e sincronização directa. Ver o processo de software como um sistema de tarefas, fornece uma base para a descrição do processo, que pode melhorar o desenvolvimento de ferramentas de apoio baseadas em computador. Um sistema de tarefas antes da execução é referido como um modelo de sistema de tarefas. Cada modelo de sistema de tarefas fornece uma descrição genérica, que pode posteriormente ser instanciada para utilização por um projecto. Durante a execução, a proposta de uma tarefa a ser iniciada repetidamente é abordada através da utilização da concatenação do sistema de tarefas.

Cada tarefa atribuiu recursos que reúnem certas capacidades. No processo é descrita, a necessidade de recursos com determinadas capacidades é formalmente documentada. Durante a atribuição de recursos efectivos a um projecto, esses tipos de recursos prédefinidos servem como um pool a partir do qual os requisitos de tarefas podem ser satisfeitos no momento da execução. A descrição genérica não especifica os recursos disponíveis para o projecto no modelo, ou a disponibilidade de recursos no momento da execução do processo é desconhecida. Ao utilizar tipos de recursos na descrição genérica, os modelos do sistema de tarefas podem ser reutilizados e personalizados para necessidades específicas do projecto. Acredita-se que a estrutura e a forma dos recursos reais têm um impacto considerável na disposição do processo de execução.

A execução de um processo de software começa com o sortido de um modelo de sistema de tarefas. O primeiro modelo de sistema de tarefas utilizado no processo executável pode oferecer o conceito operacional para o projecto. Assume-se que os modelos do sistema de tarefas foram definidos, tendo em consideração a visão estabelecida da organização.

A atribuição de recursos a tipos de recursos é obrigatória para que uma tarefa possa ser iniciada. Informação incompleta no início do projecto, pode fazer com que a atribuição de recursos seja feita iterativamente à medida que os requisitos do processo se desdobram. A execução de uma tarefa dentro do processo ocorre após a conclusão das tarefas imediatamente anteriores e o fornecimento de todos os recursos. Embora não haja nada que impeça o início automático de uma tarefa, assume-se que é necessária assistência humana. Como a repetição da execução da tarefa é muitas vezes essencial, os modelos do sistema de tarefas são adicionados por concatenação a partes existentes do processo. Os modelos do sistema de tarefas também podem ser adicionados enquanto se dividem as tarefas em múltiplas tarefas. À medida que os recursos se tornam acessíveis ao processo, eles são atribuídos. Os recursos de natureza replicada terão como consequência a replicação de partes da estrutura do processo.

Um modelo de execução do processo também inclui o estado actual dos seus recursos.

O estado dos recursos é visto de duas perspectivas, no que diz respeito à actividade do processo e à visão externa do processo. A visão posterior mantém o estado do recurso com base nas suas características e está encapsulada no seu respectivo modelo de recurso. Como resultado, modelos de recursos heterogéneos podem ser incluídos na descrição do processo. Quando o processo de software altera um recurso, a alteração é feita pelas actividades realizadas no âmbito da tarefa. As modificações na fonte podem resultar de causas externas, ou internas à tarefa. Um exemplo de causas internas é a modificação de um módulo de código-fonte por uma tarefa de manutenção. Um exemplo de causas externas é uma doença que afecta a disponibilidade de um membro da equipa de integração.

O estado dos recursos internos ao processo é mantido como parte do processo de execução. Estes estados controlam a disponibilidade dos recursos com base nos requisitos do processo. Um recurso é introduzido no modelo de disponibilidade de recursos em consequência da sua primeira atribuição a uma tarefa dentro do processo. O estado do recurso é inicializado nesse momento e mantido com base na sua utilização por tarefas no processo.

Diz-se que um sistema de tarefas é determinado se os resultados do processo não dependerem da ordem de execução de tarefas independentes. Também um sistema de tarefas é apresentado como determinado através da utilização dos seus recursos atribuídos. O modelo de disponibilidade de recursos é utilizado para detectar a não determinação; o caso em que os requisitos de determinação não são cumpridos. A precedência dinâmica é utilizada para a recuperação dos casos de não determinação, conforme necessário.

Um processo de software que funciona sob o constrangimento de uma ênfase temporal geralmente não se pode dar ao luxo de funcionar como uma única cadeia. Recursos replicados tais como pessoal, redes informáticas e estruturas de desenho paralelo indicam a necessidade de múltiplas cadeias dentro de um sistema de tarefas. Embora a definição do sistema de tarefas possa ser escrita como uma única cadeia, a utilização de recursos replicados tem o potencial de criar cadeias paralelas. Se existirem cadeias paralelas, a possibilidade de múltiplas sequências de execução também existirá. Quando existem múltiplas cadeias num sistema de tarefas, a sua determinação não pode ser garantida.

Nem sempre é possível detectar um conflito na utilização exclusiva de recursos na definição do modelo do sistema de tarefas, uma vez que os recursos reais são desconhecidos. Mesmo com uma atribuição de recursos, a atribuição pode na realidade não incorrer em conflito com base no calendário antecipado das tarefas. Quando o tempo real necessário para completar uma tarefa se sobrepõe, um conflito requer resolução. Um conflito é detectado e resolvido dinamicamente durante a execução do processo antes de se permitir a transição de qualquer recurso para uma disponibilidade não determinada.

CAPÍTULO 3

3.MOTIVAÇÃO

Há uma forte tendência para o comércio electrónico. O foco é a competência central. Observa-se que a competência central dos processos é viável para as grandes empresas. Para a infra-estrutura de "core-competency" é necessária. Os processos de core-competência e o comércio electrónico estão disponíveis através da Internet. Se um integrador precisar de integrar os processos de competência central existentes em aplicações de comércio electrónico. Então, é necessária uma ferramenta para atingir o objectivo da integração. Esta investigação fornece a ferramenta para integrar tais processos na Internet. Também neste campo falta formalismo. Por conseguinte, esta dissertação fornece a ferramenta utilizando o formalismo. O integrador recebe o relatório de viabilidade, antes de integrar processos para empresas virtuais.

Embora existam muitos métodos formais conhecidos na literatura, a investigação ainda está a proceder à formalização. Com a crescente utilização da Internet e uma enorme quantidade de informação disponível, existe um grande número de requisitos para lidar com este grande número de dados, juntamente com os utilizadores. Uma vez que, o processo cumpre todas as propriedades da tarefa explicadas na teoria do sistema operativo. A escolha do sistema de tarefa nesta dissertação consiste em representar o processo num sistema como uma tarefa. As notações matemáticas são utilizadas para expressar as características da tarefa e os atributos do processo de um processo também dão uma imagem clara do processo de um sistema. As características da tarefa são correlacionadas com os atributos do processo e preservadas no super sistema após a integração. Esta dissertação afirma que a utilização da notação do sistema de tarefas na especificação formal dos sistemas e do super sistema ajuda à integração do processo de competências nucleares em cadeias de valor acrescentado.

4.RESUMO DOS SISTEMAS DE TAREFAS

Segundo (Coffman e Denning, 1973), a execução simultânea de processos pode interagir de várias formas indesejáveis se os recursos forem mal partilhados ou se houver uma comunicação defeituosa dos resultados (sinais) entre os processos. Geralmente, o problema é sempre um problema de timing. Esta dissertação identifica quatro problemas de controlo de sequência para um processo ou um sistema de processos que é determinação, impasses, exclusão mútua, e sincronização. São apresentadas as definições básicas que fornecem o quadro de estudo destes problemas.

Uma tarefa constitui a unidade de actividade computacional nos problemas de sequenciação. Uma tarefa será especificada apenas em termos do seu comportamento externo, por exemplo, as entradas que requer, as saídas que gera, a sua acção ou função, e o seu tempo de execução. O funcionamento interno de uma tarefa será indeterminado. Associado a uma tarefa há dois eventos: início e fim. Se T for uma tarefa, denota-se a iniciação de T por T' e a terminação de T por T_. (Uma sobrebarra é usada para denotar "início," e uma subbarra, "encerramento". Deixando t(-) denotar a hora de ocorrência de um evento, assumimos que $t(T_-) - t(T')$ é não zero e finito desde que todos os recursos requeridos por T estejam disponíveis. Num sistema físico em que as tarefas são executadas, existe um conjunto S de estados representando a configuração de interesse do sistema. Para definir os estados do sistema, o sistema é dividido num conjunto de recursos.

Que $T = \{T1,..., Tn\}$ seja um conjunto de tarefas, e que <- seja uma ordem parcial (relação de precedência) em T O par C = (t, <-) é chamado um sistema de tarefas. A ordem parcial representa a precedência operacional que é T <- T' significa que a tarefa T deve ser completada antes da tarefa T' ser iniciada. Uma tarefa sem sucessor é uma tarefa terminal, e uma sem predecessor é uma tarefa inicial. Se a tarefa T não for um sucessor nem um predecessor de T', então T e T' são independentes. Uma sequência de execução de um sistema n-tarefa C = (T, <-) é qualquer cadeia a = ai,a2,a3, a_{2n} de iniciação de tarefa e eventos de terminação que satisfaçam as restrições de precedência de C. Estabelecida com precisão,

1. Para cada T em T os símbolos T' e T_ aparecem exactamente uma vez em a.

2. Se a_t = T' e a_j = T_, então i < j

3. Se a_i = T_ e a_j = T'', onde T <- T', então i< j

Um sistema de tarefas é um sistema de tarefas fechado se tiver uma tarefa inicial única e uma tarefa terminal única. Suponhamos que c_i e C2 são sistemas de tarefa fechados. O gráfico de um novo sistema (fechado) C1.C2, é formado pela adição de uma borda da tarefa final de C1 à tarefa inicial de C2, ou seja, a concatenação de C1 e C2. Uma sequência de execução de C1.C2 é qualquer cadeia a = a1 a2 para algumas sequências de execução a1 de C1 e a2 de C2.

Suponha que c_i e C2 são sistemas que não têm tarefas em comum. O novo sistema c_i ||| C2, é simplesmente a união de c_i and C2, ou seja, a combinação paralela de c_i and C2. O gráfico de c_i ||| C2 tem os gráficos de c_i e C2 como sub-gráficos disjuntos; uma vez que c_i e C2 não têm tarefas em comum, cada tarefa de c_i é independente de cada tarefa de C2. Portanto, uma sequência de execução de c_i ||| C2 pode ser formada pela fusão de uma sequência de execução de c_i com uma de C2. Se $c_ic2... c2_{(m+n)}$ é uma sequência de execução de c_i ||| C2, então existem sequências $aia2... a2m$ of c_i e $bib2... b2n$ de C2 tais que

1. c_i é ou a_i ou b_i.

2. Se $a_{i.ai}$ e $b_{i.bj}$ são os elementos de $c_{i.ci+j}$, i + j < 2(m+n), então ci+j+i é ou ai+i ou bj+i.

Determinação

Quando um conjunto de tarefas que cooperam para um objectivo comum pode ser executado em paralelo, o interesse é de assegurar a singularidade dos resultados apesar das variações nas taxas de execução das tarefas e na ordem de execução das tarefas. Diz-se que um sistema de tarefas que satisfaça esta propriedade é funcional, independente da velocidade, ou determinante. Um sistema de tarefas não será determinado se os resultados produzidos por tarefas independentes dependem da ordem em que estas tarefas são executadas. A simples introdução das devidas restrições de precedência entre tarefas previamente independentes pode resolver o problema da não determinação. Para o problema de determinação, o sistema físico em que os sistemas de tarefas são executados é representado por um

conjunto encomendado R = (Ri,   Rr) de recursos de qualquer tipo cujo estado pode ser lido (utilizado) ou escrito (alterado) por um sistema de tarefas.

Os estados do sistema serão definidos através da configuração dos valores nos recursos. Que a = aia2... a2n e o = sosi... s2n seja uma sequência de execução e sequência de estados correspondente para um dado sistema n-task. A cada tarefa T de um sistema C estão associados dois subconjuntos, possivelmente sobrepostos, ordenados de R, o *domínio* DT e o *intervalo* RT. Quando T é iniciado, lê os valores armazenados nos seus recursos do domínio, e quando termina, escreve valores nos seus recursos do intervalo.

Definição 1.1

O sistema de tarefas C é determinado se para um dado estado inicial assim, as sequências de valor do recurso dependem exclusivamente dos valores iniciais em assim.

Definição 1.2

As tarefas T e T' são não-interferentes se

1. T é um sucessor ou predecessor de T', ou

2. RtORt- = RtODt- = DtORt- = 0

diz-se que T= {Ti..., Tn} contém tarefas mutuamente não-interferentes se Ti e Tj forem não-interferentes para todos i e j (i ^ j).

Teorema 1.1

Os sistemas de tarefas que consistem em tarefas mutuamente não-interferentes são determinantes.

A indução é realizada sobre o número de tarefas num sistema. A asserção é trivialmente verdadeira para sistemas de tarefa única. Assumir que a asserção é válida para sistemas com menos de n tarefas, e deixar C = (T, <-) ser um sistema de n-tarefa.

C é trivialmente determinado se tem apenas uma sequência de execução. Portanto, suponhamos que a_1 e a2 são sequências de execução distintas de C. Este teorema estabelece a determinação de C.

Diz-se que dois sistemas de tarefas com o mesmo conjunto de tarefas são equivalentes se forem determinados e se, para o mesmo estado inicial, produzirem as mesmas sequências de valores. Um sistema de tarefas C e o seu gráfico G são chamados de paralelos máximos se C for determinado e se a remoção de qualquer arco (T, T') de G causar a interferência de T e T'. Assim, se (T, T') for um arco de um gráfico maximamente paralelo, então

$$(RtORt') U (RtODt) U (Rt'ODt) * 0$$

Teorema 1.2

A partir de um determinado sistema de tarefas determinado C = (T, <-) construir um novo sistema C' = (t, <-'), em que <-' é o encerramento transitivo da relação

X = {(T, T') ∈ <- | (RtORt) U (RtODt) U (Rt'ODt) * 0}

Então C' é o sistema único e maximamente paralelo equivalente a C'.

Bloqueios

Um sistema C = c₁ || C2II ... ||| Cn está bloqueado se o seu progresso for bloqueado indefinidamente porque um subconjunto dos Cis está simultaneamente activo, cada um detendo recursos não-preensíveis que devem ser adquiridos por algum outro sistema no conjunto, a fim de prosseguir.Considere-se o sistema físico constituído por m tipos de recursos Ri,..., Rm, com wi,..., comunidades dos respectivos tipos. O vector w = (wi,..., wm) representa a capacidade do sistema. Cada unidade de recurso de um determinado tipo é indistinguível de outras unidades do mesmo tipo.

Definição 1.3

Let C = c_i || C2II ... || Cn, onde cada c_i (1< i < n) é uma cadeia. Que a = $a_{i.ak}$ seja uma sequência de execução parcial de C e que o = sosi.$_{sk}$ seja a sequência de estado parcial correspondente. Suponha-se que existe um conjunto D não vazio de índices em cadeia, tal que para cada i em D,

Qi(k) > v(k) + 2 Pj(k_j) onde j não é membro de D

Onde Pj(k) e Qi(k) são o número de unidades de Rj detidas e solicitadas pela cadeia c_i respectivamente após o evento $_{ak}$ in a e v(k) representa o vector de recursos disponíveis. Então o é considerado como um impasse (ou $_{sk}$ contém um impasse). Além disso, cada cadeia c_i para i em D é conhecida como deadlocked.

Esta definição declara que existe um impasse se houver um subconjunto não vazio das cadeias activas, que não pode iniciar a execução da sua próxima tarefa, independentemente da utilização futura das cadeias activas restantes. Pode assumir-se que mesmo que todas as cadeias não bloqueadas libertem todos os recursos na sua posse, continuará a haver recursos insuficientes para que qualquer uma das cadeias bloqueadas prossiga. Uma vez que se assume que nenhuma cadeia alguma vez requer mais do que a capacidade do sistema em qualquer recurso, nota-se que um impasse deve envolver pelo menos duas cadeias; ou seja, D contém pelo menos duas cadeias se não estiver vazia.

Definição 1.4

Que a = S0 $_{si}$ ... $_{sk}$ seja a sequência de estados correspondente à sequência de execução parcial a = ai... ak. Se existir pelo menos uma sequência de execução válida e completa com um prefixo, então o sk é chamado estado seguro; caso contrário, é um estado inseguro.

Um destino só pode ser comprovadamente seguro se a utilização de recursos das cadeias for conhecida antecipadamente. O estado final (impasse) de um processo de impasse é obviamente inseguro, mas um estado pode ser inseguro sem ser impasse.

Existem três abordagens para lidar com bloqueios, nomeadamente a prevenção, a detecção e a prevenção.

Prevenção

Os bloqueios podem ser evitados se uma ou mais das condições necessárias (exclusão mútua, não-preensão, e espera circular) não puder ser mantida. A condição de exclusão mútua não pode normalmente ser negada devido às propriedades físicas ou lógicas dos recursos. A condição de não-preensão pode ser negada em certos casos especiais, tal como a condição de espera circular.

Proposta 1.1

Nenhuma sequência de estados correspondente à execução de um conjunto de cadeias restritas a uma utilização de recursos ordenada pode ser bloqueada. Para a prevenção do impasse, a utilização de recursos encomendados é particularmente apropriada quando as cadeias requerem recursos em alguma ordem em série, como no caso de uma sequência de operações de entrada-executa-saída.

Quando as estratégias precedentes para prevenir o impasse são apenas parcialmente aplicáveis, é claramente possível utilizar uma combinação delas num determinado sistema e também implementá-las, quer incorporando as restrições na concepção do sistema, quer insistindo que todos os sistemas de tarefas, incluindo os componentes do sistema, sigam certas convenções ao solicitar recursos.

Detecção

Dado um mecanismo de detecção de impasse, talvez a abordagem mais simples para recuperar de uma situação de impasse implicaria abortar cada uma das correntes bloqueadas ou, de forma menos drástica, abortar em alguma sequência até que recursos suficientes fiquem livres para remover os impasses no conjunto de correntes restantes. Pode ser concebido um algoritmo que procure um conjunto mínimo de correntes que, se abortadas, eliminariam o impasse. Foi concebida uma técnica mais geral (Shoshani, 1969) que atribui um custo fixo cj à remoção (preempção forçada) de uma unidade de recurso de tipo Rj de uma tarefa bloqueada que está a ser abortada; o algoritmo de recuperação procura um conjunto mínimo de tarefas para abortar.

Evitar

Para efeitos de técnicas de evasão, é necessária informação prévia sobre a utilização de recursos das cadeias. Esta informação é sob a forma de uma especificação dos vectores de solicitação e libertação $qi(Z)$ e $ri(Z)$ de cada etapa de tarefa $Ti(Z)$.

A função de um algoritmo para evitar bloqueios é controlar a sequência de eventos de modo a que o estado do sistema seja sempre seguro. Tal algoritmo hms, portanto, deve ser chamado cada vez que uma cadeia solicita ou liberta recursos. O algoritmo de evitar deve incorporar algum procedimento para testar a segurança de um estado introduzido por uma transição de iniciação.

Em geral, um procedimento para resolver a questão da segurança equivale a uma pesquisa enumerativa de todas as sequências possíveis de eventos restantes que possam ocorrer para as cadeias activas. Tais sequências são chamadas sequências de conclusão.

Exclusão Mútua

O problema da exclusão mútua diz respeito ao controlo de um recurso reutilizável para que nunca esteja em uso por mais de uma tarefa de cada vez. O recurso reutilizável é aquele cujo estado interno é modificado durante a utilização, mas pode ser inicializado na atribuição a outra tarefa. Do ponto de vista do funcionamento correcto das tarefas, é necessário que o recurso seja concedido no máximo a uma tarefa de cada vez, uma vez que as tarefas modificam o estado do recurso durante a sua utilização do mesmo; mas como inicializam o estado do recurso antes de o utilizarem, a ordem em que o utilizam é imaterial. Portanto, qualquer solução para o problema da exclusão mútua que imponha restrições prévias à ordem em que as tarefas devem utilizar o recurso é indesejável. Além disso, pode não ser possível dizer a priori quais as tarefas que desejarão utilizar um determinado recurso ou quantas unidades de um determinado tipo de recurso estarão disponíveis quando as tarefas o solicitarem, caso em que a imposição de restrições de precedência prévia entre tarefas pode não ser feita de forma a assegurar uma utilização eficiente dos recursos. As tarefas (ou segmento de código) a serem executadas mutuamente são designadas exclusivamente por secções críticas.

A concepção de tarefas de implementação da exclusão mútua pode ser consideravelmente simplificada se se puder assumir que certas operações com as variáveis globais são indivisíveis; ou seja, no máximo uma destas pode estar em execução em qualquer momento, e uma deve ser concluída antes de se iniciar outra. Não é permitida a interrupção da execução de uma tarefa para a de outra para exclusão mútua.

Definição 1.5

Que a = al a2 ... ak seja uma sequência de execução parcial do sistema de tarefas C = (T, <-). Diz-se que a tarefa T está activa depois de a se ai = T' para alguns i < k e aj ^ T_ para todos os j, i < j < k. As tarefas T e T' são mutuamente excluídas num if e apenas se no máximo um de T e T' estiver activo depois de cada prefixo de a.

As tarefas podem interagir de duas maneiras: indirectamente, competindo pelos mesmos recursos, e directamente, enviando ou esperando por mensagens.

Primitivas para implementar a Exclusão Mútua

A concepção de tarefas de implementação da exclusão mútua pode ser consideravelmente simplificada se se assumir que certas operações com as variáveis globais são indivisíveis; ou seja, no máximo uma destas pode estar em execução em qualquer momento, e uma deve ser concluída antes de se iniciar outra. As operações a assumir indivisíveis são significativamente mais elaboradas do que as leituras e gravações individuais para armazenamento que constituem as únicas operações indivisíveis sobre variáveis globais no problema geral.

Considerar um sistema de tarefas C que inclua as tarefas Ti,..., Tn, e supor que pelo menos duas destas tarefas devem ser mutuamente excluídas porque requerem a utilização do recurso R. Modificar C para que a exclusão mútua destas tarefas seja garantida. (Claramente, já é garantido se não houver duas das tarefas que utilizam R independentes). Em particular, para cada tarefa Ti que utiliza R introduzir novas tarefas Si e Ui, que imediatamente precedem e seguem Ti, respectivamente. Embora o Ti permaneça sem interpretação (excepto para o uso conhecido de R), o Si e o Ui serão completamente especificados. Esta especificação de Si e Ui (e as variáveis globais que utilizam) constituirá efectivamente a solução para o problema da exclusão mútua. Os passos no algoritmo são discriminados e mostrados como se segue:

As variáveis globais consistem num conjunto inteiro $c[1 : n]$ (o "controlo") e um número inteiro r. Inicialmente, $c[i] = 0$ para todas i. O desenho das tarefas Si e Ui é apresentado na figura . O vector c contém um 1 na posição ith apenas se Si estiver activo. Se uma tarefa T estiver a usar R, então $r = i$ e $c[i] = 2$. Se não houver Ti a usar R, então $r = j + 1$ (ou 1 se $j = n$), onde Tj foi a última tarefa

para usar o R.

f 1. $c[i] \wedge 1$

    2. para $j = r$ etapa 1 até n, 1 etapa 1 até n do

        se $j = i$ então vá para 3 se $c[j] \wedge 0$ então vá para 2

Si

    < 3. $c[i] \wedge 2$

    4. para $j = 1$ passo 1 até n do

        se $(j \wedge i)$ e $(c[j] = 2)$ então vá para 1

Ti

V 5. r ^ i

6. {Uso de R}

U1 {

7. r - se i = n então 1 mais i + 1

8. c[1] - 0

Figura 2 Programação de tarefas auxiliares para Ti

Teorema 1.3

Considerar sistemas de tarefas que requerem um recurso R que deve ser utilizado por, no máximo, uma tarefa de cada vez. Suponha que as tarefas Si e Ui tenham sido introduzidas como acima. Os programas definidos para Si e Ui na figura 2 constituem uma solução segura para o problema da exclusão mútua.

Sincronização

A implementação do requisito de que certas execuções de tarefas sejam ordenadas a tempo é chamada sincronização de tarefas. Os problemas de sincronização abrangem os problemas de sincronização e sequenciação.

Um requisito de sincronização é tornado explícito nos gráficos de precedência dos sistemas de tarefas. A resolução do problema de determinação diz respeito a uma das razões pelas quais a precedência, e consequentemente a sincronização, têm de ser impostas restrições. A prevenção de impasses também pode ser responsável pela precedência entre tarefas, devido à competição por recursos. Embora a exclusão mútua represente também um problema de sincronização, difere na medida em que não requer uma orientação para as relações de precedência; ou seja, as tarefas mutuamente exclusivas devem ser ordenadas (desarticuladas) no tempo, mas a ordenação precisa não precisa de ser especificada.

As variáveis globais através das quais as tarefas comunicam consistem simplesmente em variáveis inteiras conhecidas como semáforos. As duas primitivas **esperam** e **enviam para a** manipulação dos semáforos.

A aplicação importante da sincronização ocorre em ligação com sistemas de tarefas cíclicas executadas numa relação produtor-consumidor. Por exemplo, o sistema c_i pode produzir comandos de saída, colocando-os num tampão de célula N. Entretanto, o C2 remove os comandos do buffer como entrada e executa-os. Evidentemente, c_i deve ser bloqueado de tentar colocar comandos num tampão completo, e C2 deve ser bloqueado de tentar remover comandos de um tampão vazio. Mais abstractamente, o número de completações de C2 não deve exceder o de c_i, e C2 não deve ficar atrás de c_i por mais de N completações. Estas propriedades podem ser facilmente formalizadas em termos de sequências de execução.

Definição 1.6

Definir $C = (c_i)^m \;|||\; (C2)^n$ (m>= 1, n >= 1) e deixar ser uma sequência de execução de C. Em qualquer prefixo в de um let N_i (в) denota o número de eventos de terminação da tarefa terminal de Ci. Para um dado k dizemos que c_i é k-sincronizado com C2 num se $N_i(P)$ = 0 ou $N_i(P)$ <= N2$) + k para todos os prefixos в de a.

Suponha que c_i e C2 são dois sistemas fechados e deixe x denotar uma variável semáforo. Deixe o novo sistema (fechado) $c_i' = $ [esperar (x); c_i] denotar o sistema c_i prefixado por uma nova tarefa inicial contendo a única operação "esperar(x)". Da mesma forma, que $C2' = $ [C2; enviar (x)] denote o novo sistema fechado que consiste em C2 sufixado pela nova tarefa terminal "enviar(x)".

Considerar as sequências de execução válidas para $C = (c_i')^m \;|||\; (C2T$ e deixar o valor inicial de x ser k. Claramente, um ciclo de C1' só pode começar quando x >= 0 no momento em que é testado na operação de espera (x). Uma vez que enviar (x) aumenta x em um e esperar (x) diminui x em um, é claro que em qualquer sequência de execução parcial válida para C o número de ciclos completos de C1' não pode exceder os de C2' em mais de k se k >= 0 e deve ser pelo menos k inferior aos de C2·se k< 0.

Proposta 1.2

Que C1, C2, C1', e C2' sejam como definido acima e que k seja o valor inicial do semáforo x. Também C = (C1')^m ||| (C2T, onde m >= 1 e n >= 1, e que E denote o conjunto de sequências de execução válidas para C. Então, em cada a é um membro de E, C1' $_é$ k-sincronizado com C2'. Além disso, E é não vazio se e só se m <= n + k.

Proposta 1.3

Que c_i' seja dado como na proposta 1.2 e definir C1'' = [C1''; enviar(y)] e C2'' = [esperar(y); C2']. Que E seja o conjunto de sequências de execução para C = (C1'')^m ||| (C1'')^n. Que k e l sejam os valores iniciais dos semáforos x e y, respectivamente. Então em tudo a é um membro de E, C1'' e C2'' são *(k, l)* - sincronizados.

A proposta 1.3 pode ser utilizada para concluir que o produtor está bloqueado de tentar inserir num tampão cheio e que o consumidor está bloqueado de tentar remover de um tampão vazio. Para completar a prova de correcção das duas tarefas, é necessário demonstrar que o produtor e o consumidor não tentam aceder simultaneamente à mesma célula no tampão. Isto só pode acontecer se dentro = fora, e a condição dentro = fora se e só se o valor de x for 0 ou o valor de y for 0; em qualquer dos casos, uma ou outra tarefa é bloqueada.

5.ATRIBUTOS DO PROCESSO

Seguem-se os atributos do processo seleccionados a partir da literatura. A escolha é feita após um levantamento detalhado. Os atributos do processo são seleccionados de modo a poderem ser mapeados com características de tarefa. Aqui está a descrição dos atributos.

Portabilidade

É o grau em que o software em execução num ambiente de computador anfitrião pode ser facilmente convertido para um software em execução noutro ambiente de computador anfitrião. A portabilidade é quase impossível de quantificar. A quantificação mais próxima da portabilidade pode ser o tempo máximo de portabilidade para o sistema anfitrião X, mas isto também não se pode aplicar uma vez que o sistema anfitrião da próxima geração é raramente conhecido e o tempo máximo é relativamente insignificante. A selecção da língua de origem, do sistema operativo do anfitrião, e da selecção do compilador pode especificar a portabilidade. A selecção da linguagem de programação tem um efeito considerável no nível de portabilidade do produto resultante, porque um programa escrito na linguagem X para simplesmente trocar os compiladores pode facilmente portar quais compiladores existem para duas máquinas diferentes. Em alguns casos, a selecção de um sistema operacional específico pode melhorar a portabilidade de um programa; isto é particularmente verdadeiro para sistemas operacionais "portáteis". O sistema operativo até à data que mais frequentemente demonstrou a sua capacidade de ser portado é provavelmente UNIX. Com tal requisito, as aplicações escritas para funcionar em UNIX numa máquina devem poder ser portadas com bastante facilidade para outras máquinas que suportem UNIX. A selecção de um compilador específico, tal como a selecção de uma linguagem, deve ocorrer idealmente numa fase tardia da concepção. Contudo, alguns compiladores melhoram grandemente a portabilidade do produto, e assim pode ser benéfico especificar um compilador específico na portabilidade (Davis, 1990).

Fiabilidade

A fiabilidade do software é definida como a capacidade do software de se comportar consistentemente de uma forma aceitável para o utilizador quando sujeito a um ambiente em que fosse utilizado. A especificação de requisitos de fiabilidade tem quatro perspectivas: o significado de 99,999% de fiabilidade, técnicas tradicionais de hardware, técnicas para medir o número de bugs no software, e a necessidade relativa de fiabilidade no software.

O que significa 99,999 Por cento de Confiança?

Significa coisas diferentes para pessoas diferentes. Por exemplo, na telefonia significa que o sistema telefónico pode ocasionalmente perder uma chamada telefónica aqui e ali, mas não pode descer completamente mais de 5 minutos por ano. Por outro lado, os sistemas de monitorização de pacientes também podem ter o mesmo requisito. Pode descer completamente, desde que alerte o pessoal médico para que os pacientes possam ser monitorizados manualmente. O 99,999% implica que, quando está a funcionar, não pode monitorizar incorrectamente mais do que um paciente em cada cem mil.

Técnicas Tradicionais de Hardware

A teoria e a prática da fiabilidade do hardware são disciplinas bem estabelecidas. O tempo médio métrico até à falha (MTTF) tem um significado no mundo do hardware. Cada componente físico, seja uma viga de aço ou um circuito integrado, reage com o seu ambiente e irá lentamente degradar-se até deixar de satisfazer o seu objectivo pretendido. A taxa de falhas da maioria dos componentes electrónicos exibe o que se chama uma curva de banheira mostrada na figura 5.1.

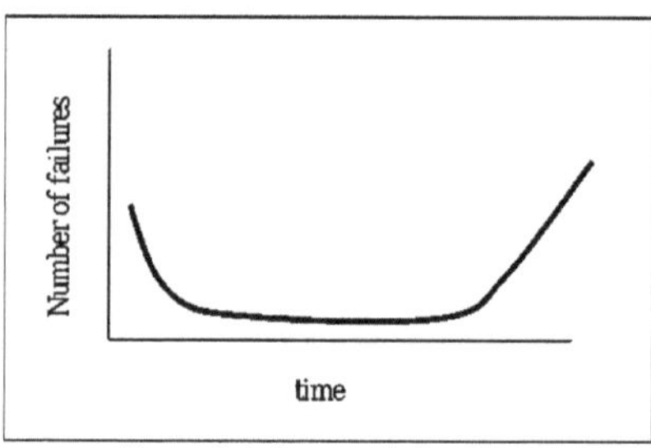

Figura 5.1. A curva da banheira

Contagem de insectos

Acredita-se que a qualidade, em geral e a fiabilidade, especificamente, devem ser incorporadas inicialmente (ou seja, concebidas e implementadas em) em vez de testadas depois do facto. Uma forma de forçar os promotores a construírem em qualidade é definir um intervalo máximo de testes. O problema com esta abordagem é que a organização de desenvolvimento / teste poderia simplesmente parar de testar após um intervalo de tempo máximo e declarar o sucesso. Os potenciais clientes não teriam forma de saber se o software foi realmente bem concebido ou se o processo de teste tinha sido simplesmente interrompido prematuramente. Uma abordagem igualmente inaceitável seria a de determinar inicialmente o número máximo de erros que poderiam ser encontrados durante os testes. Mais uma vez, a organização do desenvolvimento / teste poderia simplesmente parar de testar após ter sido encontrado o número necessário de bugs.

A técnica Monte Carlo aplica-se na determinação do número de bugs num produto de software, utilizando técnicas de depuração por Gilb e estatísticas de inspecção por Mills. Mesmo antes dos testes ao nível do sistema, inserir secretamente um número conhecido de bugs; estes são chamados bugs semeados. A equipa de teste não é informada onde se encontram os bugs ou quantos são. Agora uma equipa de teste independente tenta desvendar os bugs no software. Como estes bugs aleatórios são localizados, alguns acabarão por ser bugs previamente semeados, e alguns serão bugs previamente desconhecidos. Há uma série de falhas na abordagem anterior. Em primeiro lugar, nem todos os bugs são criados de forma igual. Segundo, a existência de um bug pode esconder a presença de outro bug. Terceiro, nem todos os insectos podem ser encontrados com a mesma facilidade. Quarto, a correcção de bugs cria frequentemente outros bugs.

Fiabilidade em Perspectiva

A empresa que desenvolve software dirá sempre que a fiabilidade é de grande importância. Em muitos casos, a razão é que a baixa fiabilidade do produto significa baixa satisfação do cliente, o que significa baixas receitas reduzidas e depois grandes perdas financeiras para a empresa que constrói o software. É mais relevante analisar o impacto da baixa fiabilidade nos utilizadores de software do que nos fornecedores e programadores de software. O software que poderia resultar em morte se funcionasse mal (por exemplo, um sistema de monitorização de pacientes com cuidados intensivos) parece exigir a maior fiabilidade e, portanto, a maior atenção à fiabilidade. No entanto, existem aplicações de software onde o mau funcionamento do software pode matar centenas de milhares de pessoas (por exemplo, sistema de controlo de reactores nucleares). Tais aplicações requerem mais atenção à fiabilidade na sua implementação. No entanto, existem ainda mais aplicações de software críticas. Em tais aplicações um mau funcionamento poderia destruir toda a civilização (por exemplo, um sistema de controlo de armas nucleares com mau funcionamento poderia eventualmente dar início a uma guerra nuclear). Assim, existem hierarquias na definição do nível de detalhe apropriado ao especificar os requisitos de fiabilidade:

- Destruir toda a humanidade
- Destruir grandes números de seres humanos
- Matar algumas pessoas
- Pessoas feridas
- Causa grandes perdas financeiras
- Causa grande constrangimento
- Causar pequenas perdas financeiras
- Causa leve inconveniência

A fiabilidade do software é provavelmente o mais difícil de todos os requisitos não comportamentais. Um requisito de fiabilidade sugerido é que não podem ser detectados mais de cinco bugs por cada linha de código executável de 10K durante a integração e os testes do sistema. Não mais de dez bugs por cada linha de código executável de 10K podem permanecer no sistema após a entrega, conforme calculado pela técnica de sementeira de Monte Carlo. O sistema deve estar 100% operacional 99,9% do tempo do calendário durante o seu primeiro ano de funcionamento.

Eficiência

A eficiência do software refere-se ao nível a que o software utiliza os escassos recursos do sistema. Os tipos de recursos escassos incluem ciclos de máquina (restrições de tempo), memória, espaço em disco, buffers, e canais de comunicação. Recomenda-se a especificação de limitações a estes recursos no tempo de especificação dos requisitos. Se o software especificado for um sistema autónomo e apenas interagir com o mundo exterior através do seu computador anfitrião e talvez um utilizador, então geralmente os ciclos de máquina e a memória são as únicas considerações de eficiência significativas.

5.3.1 Capacidade

A capacidade é fácil de quantificar: especificar quantos utilizadores, quantos terminais, e quantos navios, Aeronaves, Pacientes, Nós em rede, Empregados, Graus de pagamento, Quartos no hotel? Para cada entrada possível, especifique quantos podem ser esperados. Uma vez que os requisitos de capacidade aumentam frequentemente no futuro, pode também ser útil indicar a volatilidade da capacidade declarada no futuro.

5.3.2 Degradação do Serviço

Em muitos requisitos de desempenho, é necessário não só declarar que capacidade deve ser acomodada e que níveis de desempenho são aceitáveis dentro dessas capacidades, mas também qual é o comportamento do sistema desejado no caso de o ambiente exceder a capacidade. Em geral, as alternativas são falha completa do sistema, ignorando inputs em excesso de capacidade, fornecendo serviço degradado a todos os inputs, e fornecendo serviço aceitável aos inputs existentes e serviço degradado aos inputs que excedem a capacidade. A escolha correcta é puramente uma função da aplicação.

5.3.3 Restrições de tempo

As restrições de tempo definem os requisitos de tempo de resposta para o software e/ou o seu ambiente.

Testabilidade, Compreensibilidade, e Modificabilidade

Testabilidade, compreensibilidade, e modificabilidade estão intimamente relacionadas. Estes estão entre os mais importantes contribuintes para o custo total do ciclo de vida do software. A especificação dos níveis necessários de coesão e acoplamento na concepção é provavelmente o melhor que a indústria tem para oferecer neste momento. A coesão deve ser expressa como minimamente aceitável para qualquer módulo e uma média minimamente aceitável para todos os módulos do desenho. O acoplamento deve ser expresso como maximamente aceitável para qualquer par de módulos e uma média maximamente aceitável para todos os pares de módulos no desenho.

Capacidade de gestão

O gestor de meios controla e faz modificações ou faz interferências para melhorar o processo. A primeira monitorização das entradas e saídas no sistema de tarefas será investigada. A segunda característica importante da capacidade de gestão é a facilidade de alteração que é a interferência de tarefas que pode afectar o interior das tarefas.

A relação de características de tarefa para a capacidade de gestão é:

1. Por exemplo, na determinação há apenas uma sequência de execução e tarefas não interferentes que é fácil de gerir.

2. Se não houver um impasse, o processo será concluído a tempo, o que levará à capacidade de gestão

3. Se as tarefas paralelas forem sincronizadas, então são manejáveis e ajudam a completar o processo a tempo.

Em processos de competência central, a capacidade de gestão é fácil, pois numa cadeia de valor acrescentado é acrescentado o melhor processo da empresa. Quando um processo é produzido apenas por uma organização, toda a sua perícia é dada a esse processo. A empresa concentra-se apenas nesse processo, não está envolvida noutras coisas. Ao utilizar as características da tarefa, os processos de competência central podem ser integrados. Como um sistema completo, é o melhor e todas as características da tarefa se aplicam ao mesmo. Além disso, os processos de competência principal podem até ser removidos do sistema ou podem ser adicionados ao sistema, ou qualquer outra alteração necessária pode ser feita.

Improvabilidade

A melhoria significa que os processos podem ser modificados para terem um melhor desempenho. Nesta dissertação, já estão disponíveis ou integrados num sistema os melhores processos de uma empresa. As características da tarefa asseguram a conclusão do processo no tempo (determinação), rapidamente (sincronização para execução de processos paralelos), e sem interrupção (impasse).

Repetibilidade

A repetibilidade significa que os processos podem ser usados repetidamente com diferentes entradas para dar os resultados esperados. Os processos de competência principal são o melhor produto produzido por uma empresa. Se forem determinados, então têm uma sequência de execução que é fácil de modificar para diferentes entradas e podem ser utilizados repetidamente. Uma vez que, o melhor processo por uma empresa é determinado, sincronizado e livre de impasses; por isso, já está bem testado e pode ser executado com diferentes entradas e dará sempre o resultado esperado.

Acredita-se (CMM, 1998) que, dado um processo definido que produz produtos com um nível de qualidade conhecido, a melhor maneira de assegurar que o próximo produto exibirá a mesma qualidade é executar o processo fielmente a um padrão de processo. A NASA atribuiu recentemente o contrato de seguimento de 10 anos ao projecto Onboard Shuttle sem concurso. Esta adjudicação de fonte única foi justificada argumentando que o actual empreiteiro possuía competências únicas e era a única entidade conhecida por ser capaz de executar o processo que estava a produzir os resultados requeridos pela NASA. Isto conclui que os processos de competência principal são os melhores e que são fiáveis e repetíveis.

Um exemplo em tempo real

Durante as fases críticas do voo de vaivém (por exemplo, subida e reentrada), o software de voo funciona redundantemente em quatro dos cinco computadores de bordo, criando requisitos extraordinários de <u>sincronização</u> em tempo real. Um sistema de voo de reserva desenvolvido independentemente por outro empreiteiro está disponível caso o software de voo primário sofra uma falha grave. Devido à <u>fiabilidade</u> incorporada no sistema primário, este sistema de salvaguarda nunca foi utilizado durante o voo.

O ambiente que rodeia o projecto do vaivém de bordo é um dos requisitos em constante mudança. Para responder eficazmente neste ambiente sem sacrificar a qualidade do produto, o projecto do vaivém de bordo descobriu que tinha de ter um processo <u>formalmente</u> definido para assegurar que passos cruciais não fossem perdidos enquanto tentava satisfazer o cliente.

- As inspecções provaram ser uma das técnicas mais poderosas utilizadas para melhorar a qualidade dos produtos.

Abordagens para a melhoria do processo

O projecto Onboard Shuttle identificou quatro obstáculos primários que inibem a produção de software de alta qualidade. O primeiro inibidor foi a má gestão do projecto, especialmente a incapacidade de gerir dentro dos limites estabelecidos pelo custo, cronograma, funcionalidade, e qualidade. O segundo era a condução de projectos a partir do calendário, e não dos requisitos de qualidade. O terceiro inibidor foi a incapacidade de controlar o conteúdo dos requisitos e as linhas de base do produto de software. O quarto foi a incapacidade de controlar os erros e de fazer alterações de processo que eliminassem as suas causas. Após a melhoria do processo, o projecto reportou uma melhoria de 300%

na produtividade e duas ordens de magnitude de redução nas taxas de defeitos.

As melhorias mais recentes no processo de gestão de requisitos incluem o estudo dos benefícios potenciais da adopção de métodos formais de declaração de requisitos e a inspecção de interfaces para abordar questões de interface durante a análise de requisitos. O projecto continua a seguir uma metodologia mais consistente para a documentação dos requisitos. Os métodos de redacção de requisitos têm sido investigados como forma de reduzir diferenças desnecessárias nos estilos de documentação dos requisitos entre diferentes redactores de (CMM, 1998).

- Validação

- Implantação
- Documentação

- Fiabilidade
- Consistência

(CMM, 1998) A garantia de qualidade do software envolve a revisão e auditoria dos produtos e actividades de software para verificar se cumprem os procedimentos e normas aplicáveis e fornecer ao projecto de software e a outros gestores adequados os resultados destas revisões e auditorias.

O objectivo da Engenharia de Produtos de Software é executar consistentemente um processo de engenharia bem definido que integre todas as actividades de engenharia de software para produzir produtos de software correctos e consistentes de forma eficaz e eficiente.

Mapeamento de processos para o formalismo de sistemas de tarefas

Os passos seguintes indicam os passos para o mapeamento de processos para o formalismo de sistemas de tarefas. Os modelos dos processos são construídos utilizando o FUNSOFT desenvolvido pela Reymond Yeh.

- Construir modelos para processos

- Atribuir atributos necessários aos processos

- Processos modelo em sistemas de Tarefas

- Atributos do mapa às características da tarefa

- Integrar sistemas de tarefas

- Investigar características de tarefa para depois da integração

- Interpretar atributos de processo como invertidos de características de tarefa, para integração.

Na figura 5.2, os processos são integrados através do mapeamento dos atributos do processo no modelo de processo para as características da tarefa nos sistemas de tarefas. A figura 5.3 mostra o mapeamento dos atributos do processo para as características da tarefa.

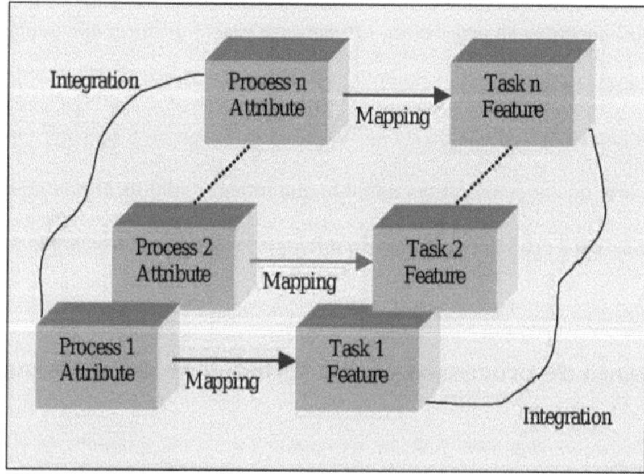

Figura 5.2. Integração de processos através de modelos de processos

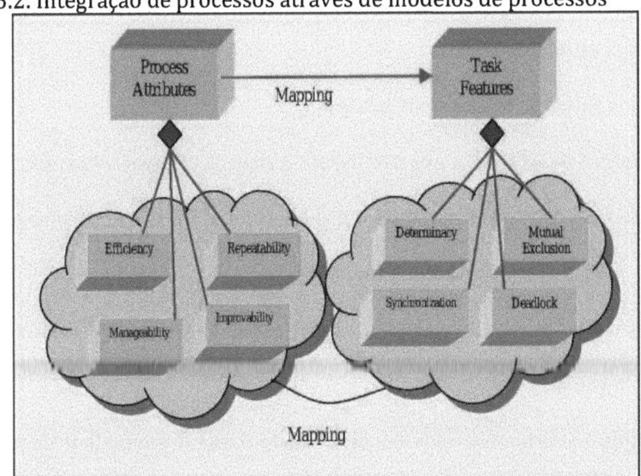

Figura 5.3. Atributos do processo de mapeamento às características da tarefa

Terminologias

Características da tarefa de baixo nível = Determinação, Exclusão Mútua, Sincronização e Bloqueio.

Determinação = Os resultados produzidos por tarefas independentes não dependem da ordem em que essas tarefas são executadas.

Exclusão mútua = Existe apenas um recurso R que deve ser utilizado por, no máximo, uma tarefa de cada vez.

Sincronização = Exige-se que certas execuções de tarefas sejam ordenadas no tempo é chamada sincronização de tarefas.

Bloqueio = Um sistema C = C1 || C2 || _.|| Cn está bloqueado se o seu progresso for bloqueado indefinidamente, porque um subconjunto do C está simultaneamente activo, cada um dos recursos não preemptíveis que devem ser adquiridos por algum outro sistema no conjunto, a fim de prosseguir. Um recurso não preemptível é aquele que só pode ser libertado pelo sistema de tarefas que o detém.

Atributos de Processo de Alto Nível = Eficiência, Repetibilidade, Capacidade de Gestão e

Improvabilidade

Sub sistema = conjunto de tarefas

Super sistema = Integração de subsistemas

Eficiência = Refere-se ao nível a que o software utiliza os escassos recursos do sistema.

Repetibilidade = Os processos podem ser usados repetidamente com diferentes entradas e
para dar os resultados esperados.

Manageability = Gestor monitoriza e faz modificações ou faz interferências para melhorar
o processo.

Improvabilidade = O processo pode ser modificado para ter um melhor desempenho.

Atributos do Processo de Correlação com características de tarefa

Um dos principais objectivos deste estudo é fornecer a um integrador de empresa
virtual uma ferramenta de viabilidade. Os atributos dos "processos componentes"
existentes correspondentes às competências nucleares de organizações individuais são
relativamente fáceis de aceder. A questão é chegar à estimativa para um futuro sistema de
processos integrados, em termos de atributos de processo. O que acontece aos atributos
de processo individuais após a integração não é uma questão fácil, a menos que sejam
utilizadas mais técnicas analíticas? Para servir este propósito, os processos são modelados
como sistemas de tarefas e os atributos dos processos são interpretados em termos das
características dos sistemas de tarefas. Os atributos dos processos seleccionados são
eficiência, repetibilidade, capacidade de gestão e melhoria, e as características das tarefas
que os interpretam são determinação, impasse, exclusão mútua, e sincronização.

Eficiência

A eficiência é uma função dos recursos e também do tempo total para a tarefa. A
eficiência é inversamente proporcional à união de recursos de alcance e de domínio |Rt U
DT|. A eficiência é inversamente proporcional ao tempo total de execução.

A rastreabilidade dos recursos (ou seja, a contagem de recursos) no Super sistema pode estar relacionada com a eficiência.

No quadro 6.2, são mostrados os recursos utilizados pelo sistema de loja virtual. Os recursos utilizados no sistema de pagamento e no sistema de entrega podem ser vistos no quadro 6.4 e no quadro 6.6, respectivamente. É evidente que os recursos no super sistema que é a integração dos subsistemas "pagamento" e "entrega" são a união dos recursos envolvidos com os subsistemas. Há algum ganho de eficiência por defeito, uma vez que os recursos podem ser partilhados quando os subsistemas são integrados na cadeia de valor acrescentado. Da tabela 6.8 é claro que o número de recursos utilizados no super sistema é inferior aos recursos colectivos dos sub-sistemas. Assim, no sistema integrado, o número total de recursos utilizados pelas tarefas torna-se menor. Observa-se que a eficiência é alcançada no super-sistema à medida que o número de tarefas diminui e também o número de recursos. A eficiência só é interpretada como uma função da utilização de recursos neste trabalho

Repetibilidade

A repetibilidade é interpretada parcialmente pela característica de determinação. Um sistema de determinação de tarefas produzirá os mesmos resultados, dado o mesmo input. Aqui, resultados e entradas correspondem a recursos de alcance e de domínio. Uma definição de determinabilidade envolve os recursos tais como

$$RtORt\text{-} = RtODt\text{-} = DtORt\text{-} = 0$$

O que significa que as tarefas num sistema não devem partilhar quaisquer recursos de entrada ou saída que sejam as tarefas não interferentes.

Capacidade de gestão

O gestor pode monitorizar um processo para a correcta partilha de recursos e para problemas de comunicação entre processos. O gestor pode observar o tempo de conclusão do processo. O gestor deve conhecer os recursos utilizados na execução de um processo para assegurar a conclusão não interrompida do processo. Se os tempos de conclusão das tarefas forem conhecidos no modelo do processo, ele pode compreender que o processo será concluído com sucesso. A qualidade relacionada para a capacidade de gestão requer mais do que a monitorização. O processo deve ser bem documentado e fácil de modificar. Todos os requisitos devem ser claros e devem ser portáteis e adaptáveis com interfaces bem definidas. O processo tem de ser fácil de manusear, executar, utilizar e aprender. Deve ser menos propenso a erros com menos bugs.

A capacidade de gestão está relacionada com a monitorização nesta dissertação. Os sistemas de tarefas modelam os tempos de iniciação e conclusão das tarefas e também os estados dos recursos. Por conseguinte, uma capacidade de monitorização ao longo dos tempos de conclusão das tarefas pode ser apoiada pelo formalismo; estes tempos são {Ti T2... Tn}. Também a monitorização da utilização dos recursos pode ser uma tarefa de gestão igualmente importante. Isto pode ser conseguido utilizando simplesmente a sequência de valores V(Ri, a) fornecida no modelo de tarefa.

Num sistema de tarefas, um evento de iniciação corresponde a uma transição de estado que reflecte:

- a aquisição ou atribuição de recursos

- a inicialização do estado dos recursos, e

- a leitura dos valores de entrada.

Um evento de cessação corresponde a uma transição de estado que reflecte:

- a libertação de recursos

- a escrita dos valores de saída, e

- se valores ou estados internos estiverem associados a recursos, um evento de cessação pode também corresponder a estados de recursos de "poupança".

O sistema de tarefas é definido como C = (T, <-), onde T = {Ti, ..., Tn} é um conjunto de tarefas, e <- é a ordem parcial (relação de precedência) em t. T <- T' significa que a tarefa T deve ser concluída antes da tarefa T' ser iniciada. Num sistema de tarefas, cada tarefa está associada a dois eventos que são o início e o fim. Uma sequência de execução num sistema de tarefas é qualquer cadeia a = ai a2 ... a2n de eventos de iniciação e terminação de tarefas. Com esta característica do sistema de tarefas é fácil seguir os pontos de início e de conclusão das tarefas. A sequência de execução é representada como:

a = {T1 T1 T2 T-...T'- Tn} onde tarefa com um número sobrescrito denota o início de uma tarefa e uma tarefa com um número sobrescrito denota o término de uma tarefa. O tempo de conclusão de uma tarefa e a utilização de recursos para tarefas individuais ou as tarefas integradas consideradas como sistema podem ser monitorizadas e geridas em relação à capacidade de gestão dos processos.

De acordo com a teoria dos sistemas de tarefas, o início e o fim das tarefas podem ser monitorizados. Também se pode controlar o número de recursos e a ordem de utilização dos mesmos. O mecanismo de conhecer as entradas, saídas e recursos utilizados pelas tarefas facilita o atributo do processo de capacidade de gestão.

Improvabilidade

A melhoria é uma função de sincronização de tarefas e recursos. Um processo pode ser melhorado se for fácil de modificar, no sentido de utilizar menos recursos, completar em menos tempo e custar menos. A melhoria pode ser conseguida através da utilização adequada dos recursos disponíveis. A partilha de recursos pode ser optimizada se a ordem de execução for conhecida com antecedência. A comunicação entre processos pode ajudar a reduzir o tempo de conclusão. A sequência temporal é essencial para a conclusão das tarefas e também para a utilização dos recursos. Para se conseguir uma melhoria, pode ser utilizada metodologia. Um sub-sistema no super sistema pode ser considerado como uma única tarefa. A modificação pode ser feita no super sistema através da adição, eliminação ou edição de tarefas, pela adição de requisitos de recursos, e pela sincronização de tarefas no sistema integrado. Após efectuar as alterações no grande sistema os subsistemas relacionados que são modificados, a mesma alteração é feita nas tarefas componentes, voltando às tarefas individuais. Na figura 6.4, a tarefa "esperar por dinheiro" no sistema de pagamento é eliminada após a integração dos subsistemas no super sistema. Assim, a modificação é fácil de conseguir utilizando notações no sistema de tarefas.

CAPÍTULO 6

6.SISTEMAS DE TAREFAS DE INTERPRETAÇÃO

O objectivo é utilizar o formalismo na análise de parâmetros tais como impasse, exclusão mútua, determinação, e sincronização para um processo. Além disso, é importante o argumento a favor de um sistema de processos. Integrar processos "componentes" é um objectivo, pelo que a investigação dos parâmetros para o "sistema de processos" é uma capacidade que esta dissertação está a tentar proporcionar.

Os processos componentes representam as operações de competência central das organizações contribuintes; o sistema de processos representa a cadeia de valor acrescentado para a produção de um artefacto de qualidade. O estudo fornece uma base de infra-estruturas para a formação de empresas electrónicas onde as organizações só podem oferecer aquilo que podem fazer melhor. A tendência de concentração nas competências essenciais é um requisito para satisfazer as rápidas mudanças das exigências dos consumidores e sobreviver no ambiente competitivo do mercado. O velho entendimento de fazer tudo dentro da organização com as considerações sobre confiar em empresas externas e reduzir os custos, é agora comprovadamente falso. No passado, uma organização na produção de software, por exemplo, costumava gerir a confecção de alimentos e até mesmo realizar funções de agência de viagens para os seus empregados. Deve haver outras empresas especializadas em tais tipos de operações, que quando externalizadas custarão menos a longo prazo. Desta forma, a qualidade do produto também aumentará. Actualmente, até a gigantesca indústria automóvel subcontrata a produção de subconjuntos a organizações mais pequenas.

Automatizar a integração daquilo com que cada organização é melhor; os sistemas de informação podem oferecer instalações vitais. Mercados competitivos requerem rapidez. Uma cadeia de valor acrescentado pode ser primeiramente modelada e, se necessário, simulada. As formas mais rápidas de pesquisar, localizar e integrar modelos de processos podem ser conduzidas na Internet. Alguns domínios empresariais são especialmente mais adoptivos para tal "integração suave". Há uma tendência na indústria no sentido de uma integração suave:

- utilizando as competências nucleares,

- anunciando os processos internos a outras empresas dispostas a participar em cadeias de valor acrescentado, e

- reengenharia dos seus processos para as empresas electrónicas

Modelação de um processo de exemplo

Nesta secção, cada sub-sistema e super-sistema é representado por um gráfico de precedência. Em seguida, a sequência de execução é mostrada para cada sistema usando tabelas de matriz histórica. A sequência de valores para cada sistema indica as terminações de tarefas juntamente com os recursos. Considere um sistema de e-shop que consiste num conjunto de quatro tarefas. Uma tarefa pode representar um processo atómico ou pode ser um super-processo que consiste num conjunto de processos. Um conjunto de tarefas é assinalado por T e quatro tarefas pelas letras T_i, T_2, $T3$ e $T4$. A figura 6.1 representa um gráfico de precedência para um sistema de loja virtual com bordos dirigidos.

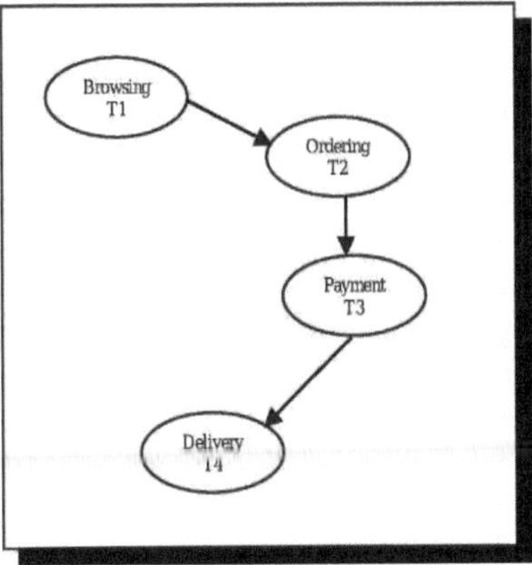

Figura6.1. Gráfico de precedência correspondente ao sistema e-shop

Como exemplo, o processo de e-shopping na Internet está representado. Quatro tarefas são utilizadas para expressar este processo na figura 6.1. As duas tarefas do sistema de e-shop, ou seja, pagamento e entrega são elaboradas utilizando o sistema de pagamento e o sistema de entrega para fins de demonstração. As tarefas de navegação e encomenda não são expandidas como subsistemas nesta dissertação, mas é possível exprimi-las como subsistemas.

As entradas representam as necessidades da tarefa. As saídas são produzidas pela execução de uma tarefa. Na figura 6.1, as entradas e saídas não são mostradas devido aos requisitos de representação do sistema de tarefas como um gráfico de precedência. As tarefas no exemplo são:

T1 = Navegação

Entrada: direcção do cliente

Saída: endereço do sítio web.

T2 = Encomenda

Input: consulta da lista de encomenda de artigos

Saída: item escolhido pelo cliente

T3 = Pagamento

Entrada: número do cartão de crédito e verificação

Output: montante pago e conta actualizada.

T4 = Entrega

Entrada: Artigo colhido de uma loja

Saída: entrega de um artigo.

O gráfico de precedência correspondente ao sistema de tarefas C tem T como seus vértices e um conjunto de bordas dirigidas. A aresta (Ti, T2) de Ti a T2 está no gráfico se e só se T1 <- T2 e não existir T3 tal que T1 <- T3 <- T2. Assim, garante-se que as especificações redundantes de precedência não aparecem no gráfico. Assim, o conjunto de arestas também pode ser definido como a menor relação em T, cujo fecho transitivo é <-.

O conjunto de sequências de execução para C é o conjunto de todas as sequências de eventos segundo as quais as tarefas de C podem ser executadas sujeitas às restrições de precedência impostas por <-. A sequência de execução completa válida para o sistema e-shop é a seguinte:

a = T1 Ti T2 T2 T3 T3 T4 T4

A interpretação da sequência de execução do sistema e-shop pode ser como a = procura, Item-found, Item-selecionado, Item-ordenado, Cartão-validação, Dinheiro-recebido, Prepare-Item, Item-delivered. A iniciação da tarefa T1 é assinalada por superescrito, ou seja T1 e terminação da tarefa T1 é assinalada por T1. Dado um espaço de estado S para o sistema de entrega, a sequência de estado correspondente a uma sequência de execução a = T1 T1 T2 T3 T3 T4 T4 é assinalada por o = (procura) (lista de itens) (Item_found) (encomenda_item) (emissão_acção_do_cartão de crédito) (emissão_factura) (Item_embalado) (Item_entrega) (Item_recebido). A tabela 6.1 mostra a matriz histórica do sistema de loja virtual para sequência de execução, com a primeira coluna como eventos e a segunda coluna como estados.

É mais conveniente lidar com as sequências de valores escritos por um sistema de tarefas em recursos individuais de qualquer tipo. Por esta razão, a sequência de valores $V(R_i, a)$ do recurso R_i deve ser a sequência de valores escritos por terminações de tarefas T para as quais R, é um membro de RT que aparece na sequência de execução parcial a.

Quadro 6.1. Matriz histórica para e-shop

Sequência de execução	Sequência do Estado
	A pesquisar
T1	
	Lista de artigos
T1	
	Item encontrado
T2	
	artigo de encomenda
T2	
	Transacção com cartão de
T3	
	emissão de factura
T3	
	Item embalado
T4	
	Entrega de artigos
T4	
	Item recebido

Cada recurso pode conter qualquer valor no conjunto V o conjunto de valores do sistema. A sequência de valores $V(Ri, a)$ é a sequência de valores escritos por terminações de tarefas T que aparecem na sequência de execução a. A tabela 6.2 mostra a sequência de valores para o sistema de loja virtual como $V(Ri, a)$ = (navegador, Item_found, Transacção de cartão de crédito, Item_package, destined_item) é mostrada.

Quadro 6.2. Sequências de valores para e-shop

Encerramento de tarefas	Recursos
	Browser
Ti	Item encontrado
T2	Transacção cartão de crédito
T3	Pacote de artigos
T4	Item de destino

Um sistema de tarefas C é trivialmente determinado se tiver apenas uma sequência de execução. Considerar dois sistemas de tarefa C1 e C2 como sistema de pagamento e sistema de entrega respectivamente, como cadeias de um sistema C que é o sistema de loja virtual. A figura 6.2 representa um gráfico de precedência para um sistema de pagamento com bordos dirigidos. Neste sistema, há quatro tarefas representadas da seguinte forma:

T1 = Validação do cartão

Entrada: cartão de crédito

Saída: cartão de crédito válido.

T2 = Verificação do montante

Entrada: quantidade-informação

Resultado: balanço de contas.

T3 = Transferência electrónica de dinheiro

Entrada: Dinheiro da conta X

Saída: actualização de conta em Y conta.

T4 = Actualizar saldo

Entrada: conta

Saída: actualização de contas.

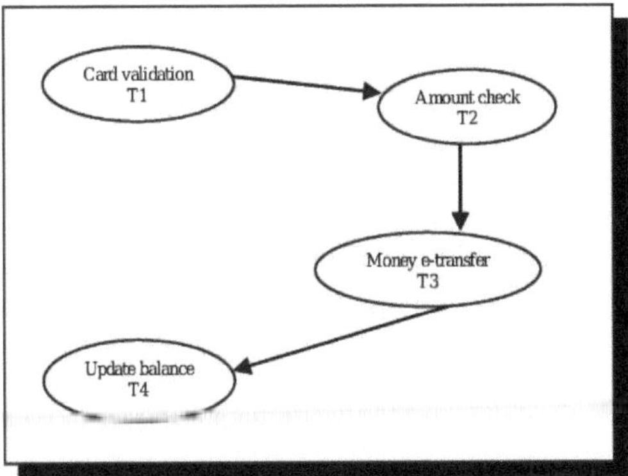

Figure6.2. Precedence graph for payment

A sequência de execução para o sistema de pagamento é representada como:

a = T1 $_{Ti}$ ^{T2} T3 $_{T2}$ T4 T3 T4

A interpretação da sequência de execução do sistema de pagamento pode ser representada como a = (número do cartão de crédito, cartão de crédito válido, verificar dinheiro em conta, dinheiro disponível, levantar dinheiro da conta c, dinheiro pago ao comerciante, actualizar a conta m, actualizar a conta c). Dado um espaço estatal S para o sistema de entrega, a sequência estatal correspondente a uma sequência de execução a = T1 $_{Ti}$ $_{T2}$ T3 T4 T3 T4 é representada por o = (número de cartão de crédito) (verificação de cartão de crédito) (cartão validado) (consulta de conta) (saldo da conta) (transferência de dinheiro) (actualização da conta C) (transacção da conta M) (actualização da conta M). A primeira actualização da conta C está na conta do cliente e depois a segunda actualização da conta M está na conta do Comerciante. O quadro 6.3 mostra o histórico do sistema de pagamento para a sequência de execução, com a primeira coluna como eventos e a segunda coluna como estados.

Quadro 6.3. Quadro histórico para pagamento

Sequência de execução	Sequência do Estado
	número do cartão de crédito

T1	
	cartão de controlo
T1	
	cartão validado
T2	
	inquérito de contas
T2	
	saldo da conta
T3	
	Transferência de dinheiro
T3	
	C-account-update
T4	
	transacção de conta
T4	
	M-account-update

Cada recurso pode conter qualquer valor no conjunto V o conjunto de valores do sistema. A sequência de valores $V(Ri, a)$ é a sequência de valores escritos por terminações de tarefas T que aparecem na sequência de execução a. Na tabela 6.4 é apresentada a sequência de valores para pagamento como $V(Ri, a)$ = (número do cartão de crédito, cartão de crédito válido, saldo da conta, conta C, conta M).

Quadro 6.4. Sequências de valores para pagamento

Encerramento de tarefas	Recursos
	número do cartão de crédito
Ti	cartão de crédito válido
T2	saldo da conta
T3	C-account
T4	Conta-M

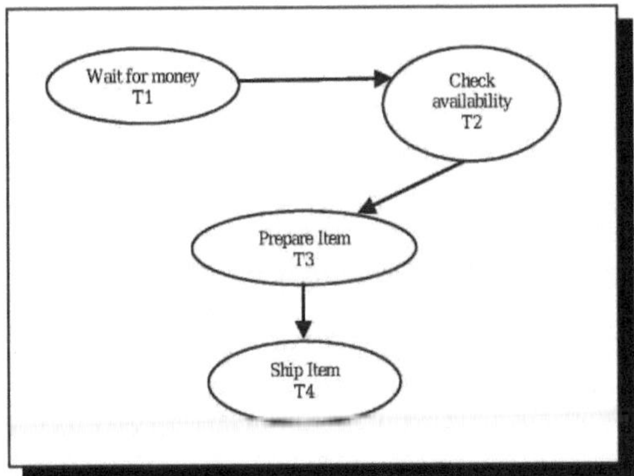

Figura 6.3. Gráfico de precedência para a entrega

A figura 6.3 representa um gráfico de precedência para um sistema de entrega com bordos dirigidos. O sistema de entrega consiste em quatro tarefas que são representadas da seguinte forma:

T1 = Esperar por dinheiro

Entrada: e-money

Saída: dinheiro recebido.

T2 = Verificar disponibilidade

Entrada: Item em armazém

Produção: Item encontrado.

T3 = Preparar Item

Entrada: Item

Saída: packed-Item.

T4 = artigo do navio

Entrada: artigo preparado

Saída: entregue Item.

A sequência de execução para o sistema de entrega é representada como:

a = T1 Tl ^{T2} $_{T2}$ T3 T3 T4 T4

A interpretação da sequência de execução para o sistema de entrega pode ser representada como a = (Dinheiro pago, dinheiro recebido, Look item disponível, Item escolhido, Item preparado, Item embalado, Item enviado, Item recebido). Dado um espaço de estado S para o sistema de entrega, a sequência de estado correspondente a uma sequência de execução a = T1 T1 $_{T2}$ T3 T3 T4 T4 é representada por o = (receber dinheiro electrónico) (espera) (dinheiro_recebido) (verificar item em armazém) (Item encontrado) (preparar Item) (Item_embalado) (Item_entrega) (Item_recebido) (Item_recebido). A tabela 6.5 mostra o histórico do sistema de entrega para sequência de execução, com a primeira coluna como eventos e a segunda coluna como estados.

Quadro 6.5. Matriz histórica para entrega

Sequência de execução	Sequência do Estado
	Obtenção de dinheiro electrónico
T1	
	à espera
T1	
	Dinheiro recebido
T2	
	Verificação do artigo em armazém
T2	
	Item encontrado
T3	
	artigo de preparação
T3	
	Item embalado
T4	
	Entrega de artigos
T4	
	Item recebido

Cada recurso pode conter qualquer valor no conjunto V, o conjunto de valores do sistema. A sequência de valores V(Ri, a) é a sequência de valores escritos por terminações de tarefas T que aparecem na sequência de execução a. Na tabela 6.6, a sequência de valores para entrega como V(Ri, a) = (dinheiro electrónico, dinheiro recebido, Item encontrado, Item_package, item_destinado) é mostrada.

Quadro 6.6. Sequências de valores para entrega

Encerramento de tarefas	Recursos
	e-money
T1	Dinheiro recebido
T2	Item encontrado
T3	Pacote de artigos
T4	artigo destinado

Determinação de um super-processo

A determinação é primeiramente provada para os sub sistemas tais como

sistemas de asfaltagem e entrega. Depois é investigada para o supersistema

que é o sistema de e-shop. O super-sistema é formado após a integração

de dois sub-sistemas.

6.2.1 Sistema de pagamento

Na definição 1.1 afirma-se que as sequências do valor do recurso dependem

exclusivamente do estado inicial. De acordo com a definição 1.1, o sistema de pagamento é

determinado uma vez que a sequência do valor do recurso depende exclusivamente do

estado inicial, "número do cartão de crédito". De acordo com o teorema

1.1, tarefas mutuamente não-interferentes são uma condição suficiente para a determinação

. Pode ver-se no sistema de pagamento que as quatro tarefas são de

não-interferência mutua.

6.2.2 Sistema de entrega

No sub sistema de entrega, a sequência do valor do recurso depende

exclusivamente do estado inicial, "e-money". Em relação à definição 1.1, pode ser provado

que o sistema de entrega é determinante. As quatro tarefas no sistema de entrega são

mutuamente não-interferentes. Assim, de acordo com o teorema 1.1, o sistema de entrega

é determinado. Pode-se notar que o sistema de pagamento e o sistema de Entrega são

determinantes, uma vez que também têm uma sequência de execução. Se o sistema de entrega for determinado, significa que tem mais hipóteses de ser concluído a tempo e, portanto, entregará o item a tempo em condições normais.

6.2.3 Super Sistema

O super sistema e-shop consiste em dois subsistemas que são, sistema de pagamento e sistema de entrega. De acordo com a definição 1.1, o super sistema de e-shop é determinado, uma vez que a sequência do valor do recurso depende exclusivamente do estado inicial, "pesquisa". No sistema de e-shop, as tarefas T1...T4 não interferem, uma vez que cada tarefa é um sucessor ou um predecessor de outra tarefa. Em relação à definição 1.2, o sistema de e-shop é determinante. No domínio do sistema e-shop para a tarefa de Navegação T1 é "um Quadro de Avisos electrónico" e o intervalo é "uma lista de itens seleccionados" após o término da tarefa de Navegação por um utilizador. Isto, por sua vez, torna-se um domínio para a tarefa de encomenda T2 no sistema de e-shop. O teorema *1.1*, afirma que um sistema de tarefas é determinado se consiste em tarefas mutuamente não-interferentes. Como resultado do teorema 1.1, o sistema de e-shop é determinado porque tem uma sequência de execução e tarefas de não-interferência.

Bloqueios no Sub-Sistema e no Super-Sistema

A definição 1.3 para os bloqueios de acesso afirma que:

$Q1(k) > V1(k)$

Quando aplicado ao sistema de loja electrónica, $Q1(k)$ denota o recurso monetário solicitado pelo sistema de entrega C2 e $V1(k)$ denota o vector de recursos disponíveis que é o dinheiro disponível no sistema de pagamento. Pode haver um impasse se o dinheiro solicitado pelo sistema de entrega for mais do que o dinheiro disponível no sistema de pagamento e, talvez, o dinheiro for detido por alguma parte. Então, ambos os sistemas estarão à espera que esse recurso seja libertado pelo terceiro.

Em referência à definição 1.4 pode ser mostrado que a = T1 T1T2 T2 T3 T3 T4T4 é uma sequência de execução parcial com a sequência de estados correspondente o = (dinheiro electrónico) (espera) (dinheiro recebido) (Item em armazém) (Item encontrado) (Item_packed) (Item_delivery) (Item_received) para o sistema de entrega C2. Para o super sistema e-shop representado por C existe uma sequência de execução válida e completa tendo a = T1 T1 ^{T2} $_{T2}$ T3 T3 T4 T4 como prefixo, portanto temos estados seguros. Uma vez que, o sistema em consideração tem estados seguros, uma vez que a utilização de recursos das cadeias é conhecida antecipadamente. Por conseguinte, está provado que não existe nenhum impasse.

Exclusão Mútua no Super sistema

O sistema C está em condições de segurança se evitar bloqueio indefinido. A fim de evitar o bloqueio indefinido, nenhuma tarefa individual que solicite a utilização do recurso R pode ser bloqueada indefinidamente por outras tarefas que solicitem ou utilizem R. De acordo com a definição 1.5, significa que uma tarefa não conclui a execução, ou seja, não termina devido à indisponibilidade de recursos, mesmo após a sequência de execução. O exemplo em consideração que é o sistema e-shop (que é um super sistema após a integração do sistema de entrega e do sistema de pagamento) não tem qualquer problema de bloqueio de recursos. Podemos dizer que as tarefas são mutuamente exclusivas no sistema.

Sincronização no sistema Super

A tarefa T1 do sistema de Entrega tem de esperar pela conclusão da tarefa do sistema C1 (Sistema de Pagamento). A sincronização k de C1 a C2 num meio que sobre todos os prefixos de um número de completamentos de C2 (Sistema de Entrega) nunca excede em mais de k o número de completamentos de C1.

c_i e C2 são dois sistemas fechados e deixam o dinheiro denotar uma variável semáforo. O novo sistema (fechado) pode ser definido como C2' = [esperar (dinheiro); C2] para denotar o sistema C2 prefixado por uma nova tarefa inicial contendo a única operação de espera (dinheiro). Da mesma forma, que c_i' = [c_i; enviar (dinheiro)] denote o novo sistema fechado que consiste no sufixo c_i, afixado pelo novo envio de tarefa terminal (dinheiro). O sistema de espera do evento em dinheiro tem de ser sincronizado com o sistema de envio do evento em dinheiro, a fim de entregar o item a tempo.

Preservação das propriedades da tarefa após a integração

É difícil investigar os atributos de alto nível directamente num processo. É relativamente mais fácil investigar as características de baixo nível das tarefas. Primeiro, este trabalho fácil é conduzido, e depois é investigado o mapeamento das características das tarefas para atributos de alto nível. As características das tarefas posteriores são investigadas para depois da integração. Em seguida, os atributos de processo são interpretados como sendo mapeados ao contrário das características da tarefa para integração. Uma saída após a execução de uma tarefa ou conclusão de um processo pode ser uma entrada para outra tarefa ou uma necessidade para a execução de outro processo. Este comportamento de tarefas pode desempenhar um papel chave para uma integração de processos. Como as entradas e as saídas de cada tarefa são conhecidas, os componentes de núcleo de competência podem ser ligados uns aos outros numa cadeia de valor acrescentado. Esta operação pode ser apoiada por um sistema de tarefas na verificação de alguns factores de qualidade.

No exemplo, o sistema e-shop é um super sistema que consiste em sistemas de pagamento e entrega. Apenas é observada uma sequência de execução no sistema da loja electrónica. Também já está provado que os sistemas de pagamento e de entrega são determinados de acordo com a definição 1.2. A integração dos sistemas acima mencionados no sistema da e-shop não afecta a determinação do mesmo. O sistema final é ainda um sistema determinado, uma vez que tem apenas uma sequência de execução que cumpre o teorema 1.1. Seguem-se os sistemas denotados por símbolos:

Sistema de pagamento = C1

Sistema de Entrega = C2

Sistema E-Shop = C

Sequência de execução para C1 a = T1 T1 T_2 T_2 T3 T3 T4 T4 que pode ser interpretada como (número de cartão de crédito, cartão de crédito válido, verificar dinheiro em conta, dinheiro disponível, levantar dinheiro da conta c, dinheiro pago ao comerciante, actualizar conta m, actualizar conta c).Sequência de execução para C2 a = T1 T1 T_2 T_2 T3 T3 T4 T4 que pode ser interpretada como (Dinheiro pago, dinheiro recebido, Ver disponibilidade do item, Item escolhido, Item preparado, Item embalado, Item enviado, Item recebido).Sequência de execução para C a = T1 T1 T_2 T_2 T3 T3 T4 T4, que pode ser interpretada como (Procurar, Item-fundado, Item- seleccionado, Item-ordenado, Cartão-validação, Dinheiro-recebido, Preparar-Item, Item-entregue). Podemos integrar os dois sistemas C1 e C2 e formar um super sistema C. Podemos concatenar C1 e C2 adicionando uma margem da tarefa final de C1 à tarefa inicial de C2.

C = C1-C2

Uma sequência de execução de C1- C2 é qualquer cadeia a3 = a1 a2 para algumas sequências de execução a1 de C1 e a2 de C2. Assim, uma sequência de execução interpretada é como (número de cartão de crédito, cartão de crédito válido, verificar dinheiro em conta, dinheiro disponível, levantar dinheiro da conta c, dinheiro pago ao comerciante, actualizar conta m, actualizar conta c, dinheiro pago, dinheiro recebido, verificar disponibilidade de item, Item escolhido, Item preparado, Item embalado, Item enviado, Item recebido)

Para a integração de C1 e C2 que é o super sistema, a sequência de execução de ambos os sistemas deve ser cuidadosamente observada. Os limites das tarefas iniciais e finais devem ser acrescentados. Ao adicionar os bordos das tarefas iniciais e finais dos sistemas concatenados na ordem correcta, a sequência de execução resultante é alcançada como se segue:

(pesquisa, Item fundado, Item seleccionado, Item ordenado, Número do cartão de crédito, Cartão de crédito válido, Verificar dinheiro em conta, Dinheiro disponível, Retirar dinheiro da conta c, Dinheiro pago ao comerciante, Actualizar conta m, Actualizar conta c, Dinheiro pago, Dinheiro recebido, Ver disponibilidade de item, Item escolhido, Item preparado, Item embalado, Item enviado, Item recebido). A sequência de execução do sistema resultante é obtida adicionando o limite da tarefa final, ou seja, Item ordenado em C ao limite da tarefa inicial, ou seja, número do cartão de crédito em C3.

O gráfico de precedência para o super sistema após a integração de dois sub sistemas que são sistema de pagamento e sistema de entrega é o seguinte na figura 6.4.

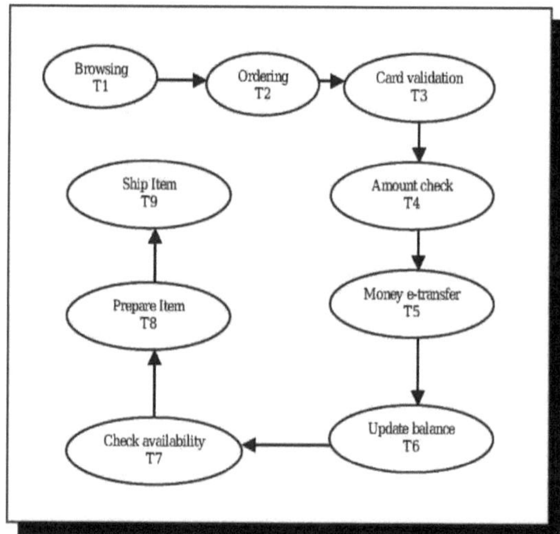

Figura6.4. Gráfico de Precedência para o Super sistema

Na figura 6.4, o super sistema é a integração dos dois subsistemas. Na integração dos subsistemas a tarefa espera por dinheiro no sistema de entrega é excluída, uma vez que já não é necessária no super-sistema. O super-sistema consiste em nove tarefas. As tarefas são representadas da seguinte forma:

T1 = Navegação

Entrada: cliente

Saída: pesquisa no browser na Internet.

T2: Encomendas

Input: consulta da lista de encomenda de artigos

Saída: item escolhido pelo cliente

T3 = Validação do cartão

Entrada: cartão de crédito

Saída: cartão de crédito válido.

T4 = Verificação da quantidade

Entrada: quantidade-informação

Resultado: balanço de contas.

T5 = Transferência electrónica de dinheiro

Entrada: Dinheiro da conta X

Saída: actualização de conta em Y conta.

T6 = Actualizar saldo

Entrada: conta

Saída: actualização de contas.

T7 = Verificar disponibilidade

Entrada: Item em armazém

Saída é Item disponível.

T8 = Preparar Item

Entrada: Item

Saída: packed-Item.

T9 = artigo do navio

Entrada: artigo preparado

Saída: entregue Item.

A sequência de execução completa válida para o super sistema é a seguinte:

a = T1 $_{Ti}$ ^{T2}$_{T2}$ T3 T3 T4 T4 T5 T5 T6 T6 T7 T7 T8 T8 T9 T9

A interpretação da sequência de execução para o super sistema pode ser como a = (pesquisa, Item-found, Item-selecionado, Item-ordenado, Número do cartão de crédito, Cartão de crédito válido, Verificar dinheiro em conta, dinheiro disponível, Retirar dinheiro da conta c, dinheiro pago ao comerciante, Actualizar conta m, Actualizar conta c, Ver disponibilidade de item, Item-picked, Item preparando item, Item embalado, Item enviado, Item recebido).Dado um espaço S de estado para o super sistema, a sequência de estados correspondente a uma sequência de execução a = T1 $_{Ti\,T2}$ T3 T3 T4 T4 T5 T5 T6 $_{T6}$ T7 T7 T8 T8 T9 T9 é indicado por o = (pesquisar) (lista de itens) (Item_found) (Item_ordenado) (obter número de cartão de crédito) (verificar cartão de crédito válido) (consulta de conta) (saldo da conta) (transferência de dinheiro) (C-account-update) (transacção da conta) (M-account-update) (verificar item na loja) (Item disponível) (preparar item) (Item_packed) (Item_delivery) (Item_received) (Item_received). A tabela 6.7 mostra a matriz do histórico do super sistema para sequência de execução com a primeira coluna como eventos e a segunda coluna como estados.

Quadro 6.7. Conjunto de História para o super sistema

Sequência de execução	Sequência do Estado*
T1	A pesquisar
T1	Lista de artigos
T2	Item encontrado
T2	Artigo de encomenda
T3	cartão de crédito recebido
T3	verificação do cartão de crédito
T4	cartão validado
T4	inquérito de contas
T5	saldo da conta
T5	Transferência de dinheiro
T6	C-account-update
T6	transacção de conta
T7	M-account-update
T7	Verificação do artigo em
T8	Artigo disponível
T8	artigo de preparação
T9	Item embalado
T9	Entrega de artigos
	Item recebido

* Um evento na coluna "Sequência de Execução" produz o estado mostrado na mesma linha.

Cada recurso pode conter qualquer valor no conjunto V o conjunto de valores do sistema. A sequência de valores V(R a) é a sequência de valores escritos por terminações de tarefas T que aparecem na sequência de execução a. Na tabela 6.8 sequência de valores para o super sistema como V(R a) = (browser, item-found, número do cartão de crédito, cartão de crédito válido, saldo da conta, C-account, M-account, Item disponível, Item-package, destined_item) é mostrada.

Quadro 6.8. Sequência de valores para o super sistema

Encerramento de tarefas	Recursos
	Browser
T1	item-found
T2	número do cartão de crédito
T3	cartão de crédito válido
T4	saldo da conta
T5	C-account
T6	Conta-M
T7	Artigo disponível
T8	Item-package
T9	artigo destinado

CAPÍTULO 7

7.   UM ESTUDO DE CASO

Um estudo de caso é apresentado nesta secção, incluindo modelos formais. O estudo de caso é sobre a organização English Text Doctor (ETD) (Tanik, 2001). O modelo do processo é apresentado seguido por um gráfico de precedência. Finalmente, a preservação dos atributos do processo é discutida através de características da tarefa.

Há três processos básicos, nomeadamente compra, centro, e venda, que estão representados num modelo de processo. O hub é o processo central e tem muitas operações. O modelo de processo para cada processo é construído utilizando uma ferramenta denominada Funbuilder (Funsoft, 99) que implementa a Linguagem de Modelação de Processos Virtuais (VPML). Esta ferramenta utiliza formas ovais para representar tarefas. As caixas de contêineres denotam entradas e saídas. Os papéis para diferentes pessoas são indicados com uma pessoa na caixa. As setas representam o fluxo de dados de uma tarefa para outra. A linha tracejada é utilizada para associação. Cada modelo de processo é representado com um gráfico de precedência.

A sequência de estados correspondente à respectiva conclusão de um evento é indicada por matriz histórica para cada processo. Posteriormente, para cada tabela de sequência de valores de processo, é apresentada. A Figura 7.1 mostra o modelo de processo do cubo.

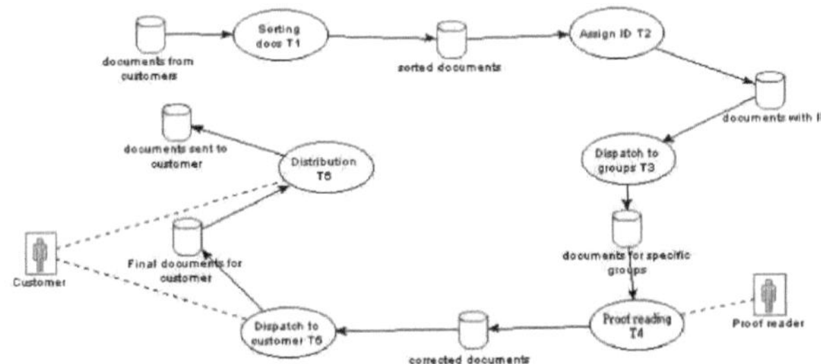

Figura 7.1. Modelo de processo do Hub

Modelo de processo para Hub

O gráfico de precedência para o centro é mostrado na figura 7.2. O gráfico é composto por nove tarefas que são representadas da seguinte forma:

T1 = Classificar documentos

    Entrada: documentos não seleccionados dos clientes

    Saída: documentos classificados

T2 = Atribuir ID

    Entrada: documentos anexos ao e-mail

    Saída: documentos com identificação

T3 = Despacho para grupos

    Entrada: documentos etiquetados

    Saída: documentos para grupos particulares

T4 = Leitura de prova

    Entrada: documentos não corrigidos

    Saída: documentos corrigidos

T5 = Expedição para o cliente

    Entrada: prova de leitura de documentos por grupo específico de revisores

    Saída: documentos finais para o cliente

T6 = Distribuição

Entrada: documentos recolhidos

Saída: documentos enviados para o cliente

A sequência de execução para o sistema de hub é representada como:

a = T1 ₜᵢ $T2$ ₜ₂ T3 T4 T3 T4 T5 T5 T6 T6

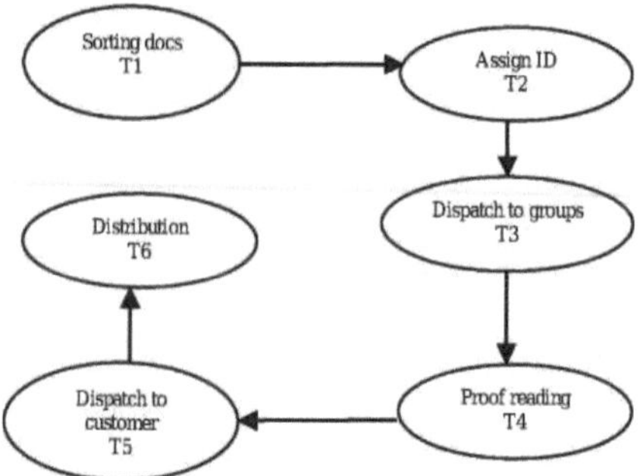

Figura 7.2. Gráfico de precedência para o modelo de processo Hub

A interpretação da sequência de execução para o sistema hub pode ser representada como a = (documentos não seleccionados dos clientes, documentos classificados, documentos anexos de e-mail, documentos com identificação, documentos etiquetados, documentos não corrigidos, documentos para grupos particulares, documentos corrigidos, documentos de prova lida, documentos finais para o cliente, documentos recolhidos, documentos enviados ao cliente. Dado um espaço de estado S para o sistema hub, a sequência de estados correspondente a uma sequência de execução a = T1 T1 $T2$ ₜ₂ T3 T4 T3 T4 T5 T5 T6 T6 é denotada por o = (obtenção de documentos não classificados) (categorização de documentos) (obtenção de documentos não classificados) (atribuição de documentos) (atribuição de documentos) (marcação de documentos) (documentos enviados a grupos) (obtenção de documentos não corrigidos) (documentos corrigido) (leitura de provas) (corrigido em 48 hrs) (recolha de documentos) (enviado aos clientes). A tarefa "envio para grupos" espera que o revisor corrija o documento em 48 horas. Se o documento não for recebido nesse prazo, é reenviado a outro revisor do mesmo grupo. A tabela 7.1 mostra a matriz histórica para a sequência de execução, com a primeira coluna como eventos e a segunda coluna como estados.

Quadro 7.1. Matriz histórica para o centro

Sequência de execução	Sequência do Estado *
T1	Obtenção de documentos não
Ti	Categorização de documentos
T2	Obtenção de documentos classificados
T2	documentos não atribuídos
T3	Atribuído
T3	Marcação de documentos
T4	Documentos enviados a grupos
T4	Obtenção de documentos não
T5	Documentos corrigidos
T5	leitura de provas
T6	corrigido em 48 hrs
T6	Recolha de documentos
	enviados aos clientes

grupos, documentos corrigidos, documentos finais, documentos destinados) é mostrado.

Quadro 7.2. Sequência de valores para o cubo

Encerramento de tarefas	Recursos
	documentos não seleccionados
T1	documentos classificados
T2	documentos com identificação
T3	Atribuição de documentos a grupos
T4	documentos corrigidos
T5	documentos finais
T6	documentos destinados

* Um evento na coluna "Sequência de Execução" produz o estado mostrado na mesma linha. Cada recurso pode conter qualquer valor no conjunto V o conjunto de valores do sistema. A sequência de valores V(R a) é a sequência de valores escritos por terminações de tarefas T que aparecem na sequência de execução a. Na tabela 7.2 sequência de valores para o hub como V(R_i, a) = (documentos não classificados, documentos classificados, documentos com identificação, documentos atribuídos a

Determinação

O sistema de tarefa central é determinado de acordo com a definição 1.1, uma vez que as sequências de valor dos recursos dependem exclusivamente dos valores iniciais em estado inicial que são os documentos recebidos. Cada tarefa no sistema de hubs não interfere, uma vez que cada tarefa é ou um predecessor ou um sucessor de outra tarefa. De acordo com o teorema 1.1, o sistema de hub é determinante.

Bloqueios

No sistema de cubo o impasse é impedido por não se manter a condição de espera circular. A condição de espera circular é evitada para a tarefa de leitura de provas. Após o expedidor enviar os documentos para os grupos de revisores, estes esperam 48 horas, se o revisor não regressar até essa hora. Então o documento é passado a um revisor seguinte e assim sucessivamente. Uma vez que a utilização de recursos é conhecida com antecedência, é possível evitar o impasse. Ainda existe o risco de impasse se o número de documentos recebidos (ou seja, recursos solicitados) for maior do que os recursos detidos (ou seja, o número de leitores de provas de um grupo específico). De acordo com a definição 1.3, o número de pessoas em vários grupos deve ser superior ao número de documentos recebidos por diferentes clientes. Há uma grande possibilidade de acomodar estados inseguros se o número de documentos se tornar maior do que o número de revisores de provas.

Exclusão Mútua

O problema da exclusão mútua diz respeito ao controlo de um recurso reutilizável para que nunca esteja em uso por mais de uma tarefa de cada vez. No sistema de hub, o recurso reutilizável são os documentos enviados aos revisores para correcções. O sistema deve confirmar que o mesmo documento não é enviado a mais do que um revisor. Da mesma forma, o documento não deve ser enviado para o mesmo revisor se este não estiver disponível.

Sincronização

No sistema de cubo, a definição da hora sincroniza a operação de expedição e a leitura de provas. Quando o documento é enviado ao revisor, a tarefa "envio para grupos" espera por 48 horas. Se o documento corrigido não for recebido, então é enviado para o próximo revisor de provas disponível.

Modelo de processo para o lado de venda

O módulo seguinte em inglês Text Doctor é de venda. A figura 7.3 introduz operações no modelo do processo do lado da venda. O modelo do processo é construído para o lado da venda usando o Funbuilder. O novo símbolo neste modelo de processo que não foi utilizado no modelo de processo de hub é "timer". Existe uma ligação temporizada com a "interface de leitura de provas" da tarefa. A tarefa verifica se o documento é corrigido e devolvido ao mesmo pelo revisor de provas em 48 horas. Caso contrário, envia o documento para o próximo revisor disponível no mesmo grupo. Além disso, há duas funções associadas às tarefas. Um é o de revisor ligado à tarefa "agendar a leitura de provas". O outro é o do cliente ligado à tarefa "encaminhar documentos".

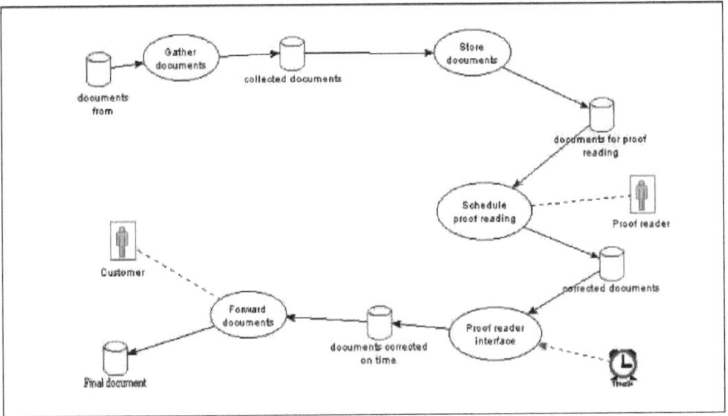

Figura 7.3. Modelo de processo para o lado de venda

O gráfico de precedência para o lado da venda é mostrado na figura 7.4. O modelo do processo do lado da venda consiste em cinco tarefas representadas como se segue:

T1 = Reunir documentos

Entrada: documentos do expedidor no centro

Saída: documentos recolhidos

T2 = Armazenar documentos

Entrada: documentos armazenados

Saída: documento preparado para leitura de provas

T3 = Leitura à prova de horários

Entrada: documento a ser lido por um revisor específico

Saída: documento corrigido

T4 = Interface de leitura de prova

Entrada: documento corrigido recebido em 48 horas

Saída: documentos corrigidos a tempo

T5 = enviar documentos

Entrada: documentos verificados

Produção: Documentos corrigidos

A sequência de execução para o sistema do lado da venda é representada como:

a = T1 $_{Ti}$ ^{T2} $_{T2}$ T3 T4 T3 T4 T5 T5

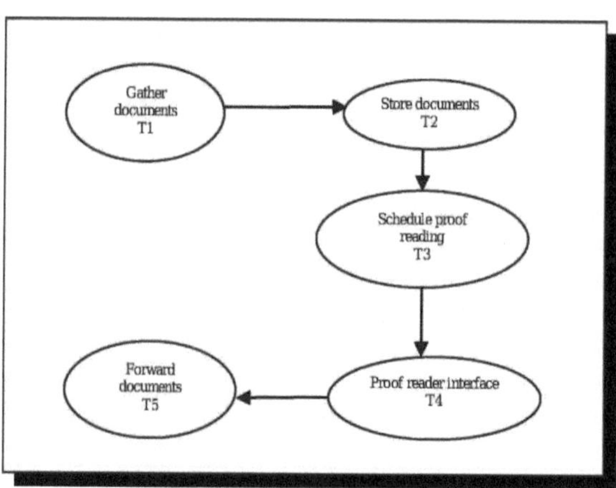

Figura 7.4 Gráfico de precedência para modelo de processo do lado da venda

A interpretação da sequência de execução do sistema do lado da venda pode ser representada como a = (documentos do expedidor, documentos recolhidos, documentos armazenados, documentos para leitura de provas, documentos lidos por um leitor de provas específico, documentos corrigidos, documentos corrigidos em 48 horas, documentos enviados para o próximo leitor de provas se passarem mais de 48 horas, documentos verificados, documentos corrigidos enviados para o expedidor do cliente). Dado um espaço de estados S para o sistema de cubo, a sequência de estados correspondente a uma sequência de execução a = T1 T1 ^{T2} $_{T2}$ T3 T4 T3 T4 T5 T5 é assinalada por o = (pronto a reunir) (recolher documentos) (documentos recolhidos) (armazenar documentos) (armazenar documentos) (pronto a ler provas) (leitura) (documentos corrigidos) (documentos corrigidos em 48 horas) (documentos corrigidos em tempo útil) (documentos de verificação) (documentos finalizados). A interface de leitura de provas de tarefa espera que o revisor corrija o documento em 48 horas. Se o documento não for recebido nesse tempo, então é reenviado a outro revisor do mesmo grupo. A tabela 7.3 mostra a matriz histórica do lado da venda para a sequência de execução, com a primeira coluna como eventos e a segunda coluna como estados.

Quadro 7.3. Histórico para o lado das vendas

Sequência de execução	Sequência do Estado
	pronto a reunir
T1	
	recolha de documentos
T1	
	Documentos recolhidos
T2	
	Armazenamento de documentos
T2	
	Pronto para a leitura de provas
T3	
	Leitura
T3	
	documentos corrigidos
T4	
	Correcção de 48 hrs
T4	
	Documentos corrigidos a tempo
T5	
	Verificação de documentos
T5	
	Documentos finalizados

Cada recurso pode conter qualquer valor no conjunto V o conjunto de valores do sistema. A sequência de valores V(R a) é a sequência de valores escritos por terminações de tarefas T que aparecem na sequência de execução a. Na tabela 7.4 é apresentada a sequência de valores para o lado da venda como V(R_i, a) = (documentos recolhidos, documentos recolhidos, documentos atribuídos ao leitor de provas, documentos corrigidos, documentos reatribuídos ao leitor de provas, documentos corrigidos).

Quadro 7.4. Sequência de valores para o lado da venda

Encerramento de tarefas	Recursos
	documentos recolhidos
T1	documentos recolhidos
T2	documentos atribuídos ao leitor de provas
T3	documentos corrigidos
T4	documentos reatribuídos leitor de provas
T5	documentos corrigidos

Determinação

De acordo com a definição 1.1, o modelo do processo do lado da venda é determinante. Uma vez que, as sequências do valor do recurso dependem exclusivamente dos valores iniciais em documentos de recolha. No modelo do processo cada tarefa é um sucessor ou antecessor de outra tarefa. Em relação à definição 1.2, as tarefas no sistema são não-interferentes. O sistema pode ser considerado como determinante em relação ao teorema 1.1.

Bloqueio

De acordo com a definição 1.3, o número de revisores disponíveis não deve ser inferior ou igual ao número de documentos reunidos a partir do centro. O impasse pode ser evitado se a utilização do recurso for conhecida antecipadamente. Se o número de documentos recebidos para a leitura de provas for conhecido antecipadamente e também, o número de revisores é conhecido. Isto pode ajudar a evitar o impasse. Pode haver corrida para os recursos disponíveis. Neste caso particular "envio para grupos" pode esperar para sempre se não houver um revisor de provas disponível.

Exclusão Mútua

O problema da exclusão mútua no sistema do lado da venda é que um revisor só pode corrigir um documentado de cada vez.

Sincronização

O problema da sincronização no lado da venda aborda o timing e a sequência dos documentos no que diz respeito aos revisores. Neste sistema, a "interface de leitura de provas" espera pelos documentos corrigidos. O revisor de provas envia os documentos corrigidos de acordo com o horário. Para a sincronização, o "despachante" espera pelo documento durante 48 horas. Se não receber o documento, então envia-o para outro revisor disponível.

Modelo de processo para Buy-side

O modelo do processo para o lado da compra é mostrado na figura 7.5. Há um papel no modelo do processo. O papel é o de um cliente associado à tarefa "documentos categorizados". Os documentos são recebidos do cliente e são categorizados em sete tipos que são comerciais, técnicos, pesquisa, trabalhos, currículos, cartas e ensaios. Após as correcções, são devolvidos ao cliente.

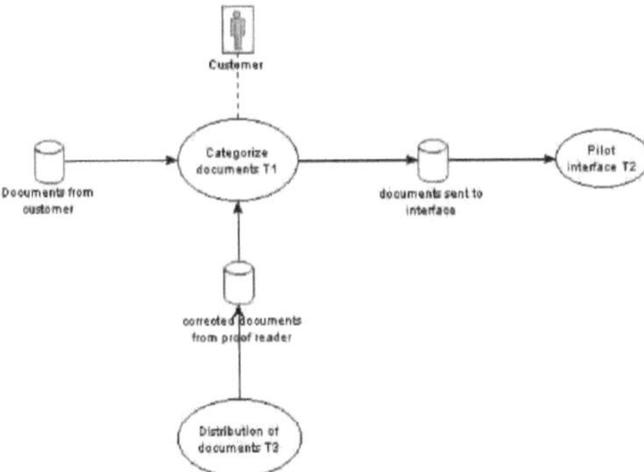

Figura 7.5. Modelo de processo para Buy-side

O gráfico de precedência para o lado da compra do sistema está representado na figura

7.6. A figura mostra a ordem de execução das tarefas. O modelo do processo de compra consiste em três tarefas, como se segue:

T1 = Categorizar documentos

Entrada: Documentos de clientes de amostra

Produção: Sete categorias de documentos enviados para interface

T2 = Interface piloto

Entrada: Documentos enviados pelos clientes como anexo de e-mail

Produção: Documentos enviados para interface em hub

T3 = Distribuição de documentos

Entrada: Documentos corrigidos do leitor de provas

Produção: Documentos enviados aos clientes após leitura de provas

A sequência de execução para o sistema do lado da compra é representada como:

$a = T1 \, _{Ti} \, ^{T2} \, _{T2} \, T3 \, T3$

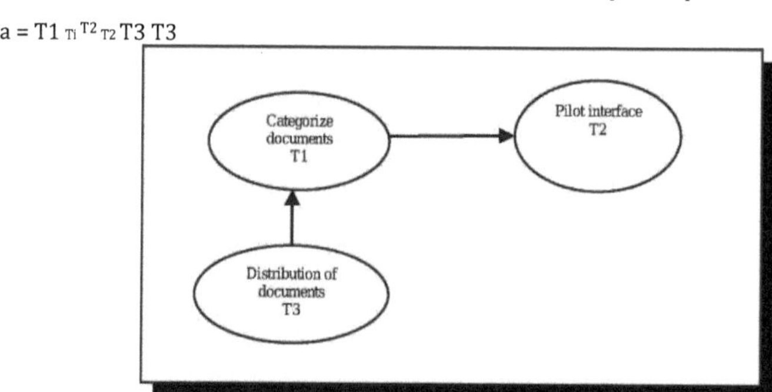

Figura 7.6. Gráfico de precedência do modelo do processo Buy-side

A interpretação da sequência de execução para o sistema do lado da compra pode ser representada como a = (documentos de amostra de clientes, sete categorias de documentos enviados para interface, documentos enviados como anexos de e-mail, documentos enviados para interface em hub, documentos corrigidos do leitor de provas, documentos corrigidos enviados ao cliente). Dado um espaço estatal S para o sistema de compra, a sequência estatal correspondente a uma sequência de execução a = T1 $_{Ti}$ $_{T2}$ T3 T3 é representada por o = (obtenção de documentos dos clientes) (categorização de documentos) (documentos enviados para interface) (obtenção de anexos de e-mail) (documentos enviados para o centro) (recepção de documentos corrigidos) (distribuídos ao cliente). A tabela 7.5 mostra a matriz histórica para a sequência de execução, com a primeira coluna como eventos e a segunda coluna como estados.

Tabela 7.5. Histórico para o lado da compra

Sequência de execução	Sequência do Estado
	Obtenção de documentos dos clientes
T1	
	Categorização de documentos
T1	
	documentos enviados para interface
T2	
	Obter anexo de e-mail
T2	
	documentos enviados para o centro
T3	
	recepção de documentos corrigidos
T3	
	distribuído ao cliente

Cada recurso pode conter qualquer valor no conjunto V o conjunto de valores do sistema. A sequência de valores V(R a) é a sequência de valores escritos por terminações de tarefas T que aparecem na sequência de execução a. Na tabela 7.6 é apresentada a sequência de valores para o lado da compra como V(R a) = (documentos dos clientes, documentos para interface, documentos para o centro, documentos destinados).

Quadro 7.6. Sequência de valores para o lado da compra

Encerramento de tarefas	Recursos
	documentos dos clientes
T1	documentos para interface
T2	documentos para o centro
T3	documentos destinados

Determinação

O modelo do processo de compra é determinante, pois cumpre a definição 1.1, afirmando que a sequência do valor do recurso depende exclusivamente dos valores iniciais nos sete tipos de documentos recebidos. Todas as tarefas no sistema não interferem, uma vez que cada tarefa é um predecessor ou um sucessor de outra tarefa, de acordo com a definição 1.2. O teorema 1.1 prova que o sistema deve ser determinado uma vez que as tarefas no sistema são mutuamente não interferentes.

Bloqueios

Pode haver estados inseguros se o leitor de provas não estiver disponível, então a distribuição de tarefas aguardará o documento a partir do centro.

Exclusão mútua

O modelo do processo de compra é tão trivial que a característica de exclusão mútua não é aplicável sobre ele.

Sincronização

O mesmo que a exclusão mútua aplica-se à sincronização devido ao modelo do lado da compra.

Modelo de processo para o Super Processo

A integração de modelos de processo é apresentada na figura 7.7. Este é um modelo de super processo resultante da integração de modelos de processos de hub, sell-side, e buy-side. Na integração, algumas das tarefas são excluídas e a sequência de recursos é alterada. Também a ordem de execução das tarefas foi alterada. No modelo de processo, existe uma ligação temporizada entre a "interface de leitura de provas" e o "envio para grupos". A interface do revisor espera pelo documento corrigido do revisor durante 48 horas. Se o documento não for recebido, então é enviado para a tarefa "envio para grupos". Esta tarefa envia o documento para o próximo revisor no mesmo grupo.

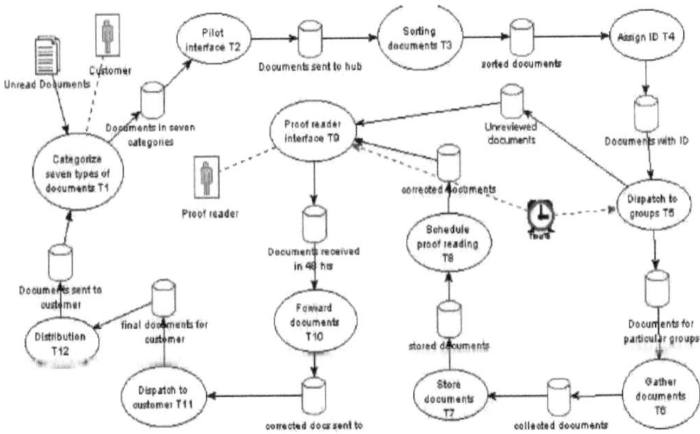

Figura 7.7. Integração de modelos de processo

O gráfico de precedência para o super sistema está representado na figura 7.8. A figura indica a ordem de execução das tarefas. O super sistema contém doze tarefas que são mencionadas abaixo:

T1 = Categorizar documentos

Entrada: Documentos de clientes de amostra

Produção: Sete categorias de documentos enviados para interface

T2 = Interface piloto

Entrada: Documentos enviados pelos clientes como anexo de e-mail

Produção: Documentos enviados para interface em hub

T3 = Classificar documentos

Entrada: Documentos não seleccionados dos clientes

Produção: Documentos ordenados

T4 = Atribuir ID

Entrada: documentos anexos ao e-mail

Produção: Documentos com identificação

T5 = Despacho para grupos

Entrada: documentos etiquetados

Produção: Documentos para grupos particulares

T6 = Reunir documentos

   Entrada: Documentos do expedidor no centro

   Produção: Documentos recolhidos

T7 = Armazenar documentos

   Entrada: documentos armazenados

   Produção: Documento preparado para leitura de provas

T8 = Leitura à prova de horários

   Entrada: Documento a ser lido por um revisor específico

   Produção: Documento corrigido

T9 = Interface de leitura de prova

   Entrada: Documento corrigido recebido em 48 horas

   Produção: Documentos corrigidos a tempo

T10 = Encaminhar documentos

   Entrada: Documentos verificados

   Produção: Documentos corrigidos enviados para o despachante do cliente no

centro

   T11 = Expedição para o cliente

   Entrada: Comprovação de documentos lidos por grupo específico de revisores

   Produção: Documentos finais para o cliente

T12 = Distribuição

   Entrada: Documentos recolhidos

   Produção: Documentos enviados para o cliente

A sequência de execução do super sistema é representada como:

a = T1 $_{Ti}$ $_{T2}$ T3 T4 T3 T4 T5 T6 $_{T6}$ T7 T7 T8 T9 T9 T5 $_{Ts}$ T9 T10 T10 T11 T11 T12 T12

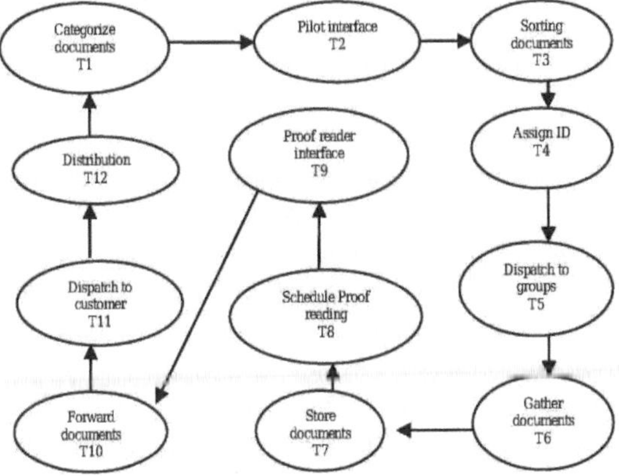

Figura 7.8. Gráfico de precedência para o super sistema

A interpretação da sequência de execução para o super sistema pode ser representada como a = (documentos dos clientes, sete categorias de documentos enviados para interface, documentos enviados pelo cliente como documentos anexos de e-mail enviados para interface em hub, documentos não classificados, documentos classificados, documentos anexos de e-mail, documentos com identificação, documentos etiquetados, documentos para grupos particulares, documentos do expedidor em hub, documentos recolhidos, documentos armazenados, documentos preparados para leitura de provas, documentos lidos por um leitor de provas específico, documentos corrigidos, documentos corrigidos recebidos em 48 hrs, se mais de 48 hrs então reenviar ao expedidor, documentos verificados, documentos corrigidos enviados ao expedidor do cliente, documentos lidos por provas, documentos finais para o cliente, documentos recolhidos,

documentos enviados aos clientes). Dado um espaço S de estado para o super
a sequência de estados correspondente a uma sequência de execução a =
T1 T1 ^{T2} $_{T2}$ T3 T4 T3 T4 T5 T6 T6 T7 T7 T8 T9 T9 T5 T8 T9 T10 T10 T11 T11 T12 T12 é

indicado por o = (obtenção de documentos dos clientes) (categorização de documentos) (documentos enviados para interface) (obtenção de anexos de e-mail) (documentos enviados para o centro) (obtenção de documentos não classificados) (documentos classificados) (documentos não atribuídos) (atribuídos) (marcação de documentos) (documentos enviados para grupos) (recolha de documentos) (documentos recolhidos) (armazenamento de documentos) (pronto para leitura de provas) (leitura) (documentos corrigidos) (correcção de 48 horas) (documentos re(verificação de documentos) (documentos corrigidos enviados ao despachante do cliente) (documentos de prova lida) (documentos finalizados) (recolha de documentos) (enviados aos clientes). O envio de tarefas a grupos aguarda que o revisor de provas corrija o documento em 48 horas. Se o documento não for recebido nesse tempo, é reenviado a outro revisor do mesmo grupo. Matriz do histórico do super sistema, a sequência de execução é mostrada na tabela 7.7 com a primeira coluna como eventos e a segunda coluna como estados.

Quadro 7.7. Histórico para o super sistema

Sequência de execução	Sequência do Estado †
	Obtenção de documentos dos clientes
T1	Categorização de documentos
Ti	documentos enviados para interface
T2	Obter anexo de e-mail
T2	documentos enviados para o centro
T3	Obtenção de documentos não classificados
T3	documentos classificados
T4	documentos não atribuídos
T4	Atribuído
T5	Marcação de documentos
T5	Documentos enviados a grupos
T6	Recolha de documentos
T6	Documentos recolhidos
T7	Armazenamento de documentos
T7	Pronto para a leitura de provas
T8	Leitura
T8	Documentos corrigidos
T9	Correcção de 48 hrs
T9	documentos reatribuídos leitor de provas
Tio	Verificação de documentos
T10	documentos corrigidos enviados ao despachante do
Tii	provas de leitura de documentos
T11	documentos finalizados
T12	Recolha de documentos
T12	enviados aos clientes

documentos recolhidos, documentos atribuídos ao leitor de provas, documentos corrigidos, documentos corrigidos a tempo, atribuídos ao expedidor do cliente, documentos finais, documentos destinados) é mostrado.

† Um evento na coluna "Sequência de Execução" produz o estado mostrado na mesma linha. Cada recurso pode conter qualquer valor no conjunto V o conjunto de valores do sistema. A sequência de valores V(R a) é a sequência de valores escritos por terminações de tarefas T que aparecem na sequência de execução a. Na tabela 7.8 sequência de valores para super sistema como V(R a) = (documentos dos clientes, documentos para interface, documentos para hub, documentos classificados, documentos com ID, documentos atribuídos a grupos,

Quadro 7.8. Sequência de valores para o super sistema

Encerramento de tarefas	Recursos
	documentos dos clientes
T1	documentos para interface
T2	documentos para o centro
T3	documentos classificados
T4	documentos com identificação
T5	Atribuição de documentos a grupos
T6	documentos recolhidos
T7	documentos atribuídos ao leitor de
T8	documentos corrigidos
T9	documentos corrigidos em tempo útil
T10	Atribuído ao despachante do cliente
T11	documentos finais
T12	Documentos de destino

Determinação

O sistema de super tarefa é determinado de acordo com a definição 1.1, uma vez que as sequências do valor do recurso dependem exclusivamente dos valores iniciais no estado inicial. Cada tarefa no super sistema não interfere, uma vez que cada tarefa é ou um predecessor ou um sucessor de outra tarefa. De acordo com o teorema 1.1, o super sistema é determinante. No super sistema, as tarefas "envio para grupos" e "interface de leitura de provas" não são determinantes uma vez que a tarefa "envio para grupos" depende da conclusão da leitura de provas. Na secção de correlação das características da tarefa com os atributos do processo, pode verificar-se que a repetibilidade depende parcialmente da determinação. Pode-se afirmar que este processo é repetível.

Bloqueios

No super sistema o impasse é evitado por não se manter a condição de espera circular. A condição de espera circular é evitada para a tarefa de "leitura de provas". Existe uma ligação temporizada entre as tarefas "envio para grupos" e "interface de leitura de provas". Após o expedidor despachar os documentos para os grupos de revisores, estes aguardam 48 horas. Se o revisor não regressar até essa hora, então o documento é passado a um próximo leitor de provas no mesmo grupo. Uma vez que a utilização de recursos é conhecida com antecedência, pode ser evitado um impasse.

Ainda existe o risco de impasse se o número de documentos recebidos (ou seja, recursos solicitados) for maior do que os recursos detidos (ou seja, o número de leitores de provas de um grupo específico). De acordo com a definição 1.3, o número de pessoas em vários grupos deve ser superior ao número de documentos recebidos por diferentes clientes. Há uma grande probabilidade de haver estados inseguros se o número de documentos se tornar maior do que o número de revisores de provas. A fim de gerir o processo, o gestor deve conhecer os recursos utilizados no processo. Uma vez que o número de recursos utilizados é conhecido antecipadamente, este processo é, portanto, gerível.

Exclusão Mútua

O problema da exclusão mútua diz respeito ao controlo de um recurso reutilizável para que nunca esteja em uso por mais de uma tarefa de cada vez. No super sistema, o recurso reutilizável são os documentos enviados aos revisores para correcções. O sistema tem de confirmar que o mesmo documento não é enviado a mais do que um revisor. Da mesma forma, o documento não deve ser enviado para o mesmo revisor se este não estiver disponível. É óbvio que a exclusão mútua ajuda à rastreabilidade dos recursos. Também indirectamente promove a utilização eficiente dos recursos. Isto implica um processo de alto nível de eficiência de atributos. Já se sabe na secção anterior que a eficiência pode estar relacionada com a capacidade de rastreio dos recursos.

Sincronização

Na definição do super sistema a hora sincroniza as tarefas "envio para grupos" e "leitura de provas". Quando o documento é enviado para o revisor, a tarefa "envio para grupos" espera por 48 horas. Se o documento corrigido não for recebido, então é enviado para o próximo revisor de provas disponível. Ao atingir o objectivo temporal neste processo, o desempenho do processo pode ser melhorado. Assim, o processo está em conformidade com o atributo do processo de alto nível que é a possibilidade de melhoria.

8. CONCLUSÕES E TRABALHO FUTURO

Esta investigação propõe uma infra-estrutura formal a ser utilizada na análise de viabilidade para a integração de empresas virtuais. Os processos de competência de cada organização foram modelados em linguagem de modelação de processos virtuais (VPML) e depois mapeados para sistemas de tarefas. Atributos específicos do processo foram seleccionados para processos empresariais, através de um inquérito na literatura e mapeados para características de tarefas para sistemas de tarefas.

As características da tarefa são determinadas para uma única tarefa e depois são investigadas para preservação após a integração dos processos. A preservação é apresentada utilizando notações matemáticas disponíveis na teoria de sistemas operacionais. Modelos de nível inferior de sistemas de tarefa são mais rastreáveis para a integração. Para utilizar a investigação de baixo nível para decisões de nível empresarial, as características de tarefa são interpretadas para atributos de processo de alto nível. Como resultado, um modelo formal é utilizado para ajudar nas decisões de integração dos processos empresariais.

Esta pesquisa seleccionou um conjunto de características de tarefa e um conjunto de atributos de processo. Talvez, mais características e atributos pudessem ser escolhidos para investigar a integração de processos. Por exemplo, a simultaneidade pode ser escolhida como uma característica da tarefa e a fiabilidade como um atributo do processo.

A modelação de processos empresariais em VPML não é nova, e o estudo de caso na dissertação não mostrou problemas com esta fase. Observou-se também que o mapeamento de modelos VPML para sistemas de tarefas era fácil e eficaz. Uma tarefa difícil foi o mapeamento de atributos de processos a características de tarefas. Não houve nenhuma semelhança isomórfica fácil.

A interpretação dos atributos do processo por características de tarefas tinha sido uma abordagem subjectiva. Todos os atributos não são completamente representados por características. No entanto, atributos importantes estão ligados a uma combinação de características de tarefas. Após a realização do estudo de caso, observa-se que um subconjunto significativo dos atributos do processo pode ser investigado utilizando a abordagem proposta.

Alguns atributos poderiam ser directamente investigados para a integração. Alguns outros não puderam e foram estudados numa via diferente. Nestes casos, foi seleccionada uma via metodológica para estudar o que poderia ser feito, utilizando características relacionadas. Foram propostas algumas acções que envolvem elementos do sistema de tarefas para interpretar vários aspectos dos atributos após a integração.

Comparação com outras abordagens

As três abordagens são primeiro explicadas e depois comparadas utilizando alguns parâmetros comuns entre elas. As abordagens são nomeadamente, (Tanik e Suzanne, 1998), (Arpinar, 1998), e (Ling e Loke, 2002).

Em (Tanik e Suzanne, 1998) a abordagem utilizada é a de explorar a descrição do processo através da descrição da actividade de software. Também são explorados os requisitos do tipo de recursos dentro do formalismo do modelo de sistema de tarefas. Um sistema de tarefas antes da execução é referido como um modelo de sistema de tarefas. O conhecimento do processo é registado, a sincronização de tarefas é analisada, e a actividade de medição é especificada usando modelos do sistema de tarefas. Os modelos do sistema de tarefas e um autómato finito são utilizados para orientar a execução da actividade do software como modelo para a execução de tarefas e disponibilidade de recursos. A transição entre a descrição do processo e a execução é realizada através da atribuição de recursos a tipos de recursos. O efeito da integração da actividade e dos múltiplos recursos definidos por uma relação de composição é utilizado para compreender a crescente complexidade dos processos de maior magnitude.

O modelo de sistema de tarefas foi utilizado pela primeira vez para descrever processos concorrentes como sistemas de tarefas no contexto de sistemas operacionais (Coffman e Denning, 1973). O modelo também inclui mecanismos de tratamento de problemas relacionados com determinação, impasse, exclusão mútua, e sincronização. As descrições de processos utilizando os sistemas de tarefas utilizam dois níveis de abstracção. Um nível corresponde à descrição genérica e o outro à representação dinâmica. O objectivo das descrições genéricas é o de estabelecer um padrão para o processo de uma organização. Um requisito para a representação de uma descrição genérica inclui a capacidade de efectuar análise estática e minimização antes da execução. A descrição genérica é posteriormente modificada para uma forma dinâmica, permitindo a atribuição de recursos específicos aos tipos tal como definidos. A representação dinâmica do processo evolui à medida que o tempo decorre. A precedência dinâmica é utilizada para manter a determinação durante a execução de um processo.

Seguem-se as observações relacionadas com o modelo de sistema de tarefas explicadas na abordagem acima referida:

1. Os modelos de sistemas de tarefas tentam tirar partido dos pontos fortes dos modelos baseados em rede.

2. A extensão do modelo de sistemas de tarefas permite o tratamento da simultaneidade da execução de tarefas e a natureza inerente da evolução do processo.

3. A utilização de relações de composição e precedência combinadas através de operações de atribuição proporciona um poderoso mecanismo para a evolução do

processo.

4. A execução de tarefas é gerida através da utilização de um modelo de estado finito.

(Arpinar, 1998) apresenta a formalização dos principais componentes de um sistema de fluxo de trabalho que são relevantes para a correcção na presença de concorrência. A teoria dos conjuntos e a teoria dos gráficos são utilizadas para a formalização. As actividades de um fluxo de trabalho são representadas através de uma notação baseada na teoria de conjuntos para formalizar o agrupamento conceptual de actividades. O fluxo de controlo é representado como um gráfico especial com base na definição do conjunto. Inclui composição em série, composição paralela, ramificação condicional, e agrupamento de actividades individuais e das próprias actividades conceptuais. O fluxo de dados é representado como um gráfico acíclico dirigido em conformidade com o gráfico de controlo-fluxo.

Há duas categorias de restrições ao ambiente de fluxo de trabalho com as quais as instâncias de fluxo de trabalho e as suas actividades interagem. Os constrangimentos básicos que especificam os estados correctos de um ambiente de fluxo de trabalho enquadram-se na primeira categoria. A segunda categoria inclui restrições inter-actividades que definem as dependências semânticas entre as actividades. Os gráficos das restrições básicas e interactividades são então definidos para representar as restrições. Estes dois gráficos estão em conformidade com os gráficos de fluxo de controlo e de fluxo de dados. Estes gráficos são utilizados para formalizar os intervalos entre as actividades. Deve ser mantida uma restrição inter-actividades entre as actividades e uma restrição básica permanece inválida entre os intervalos.

Para uma execução intercalada de instâncias de fluxo de trabalho, é definido um critério de correcção utilizando os gráficos de restrição. São desenvolvidos dois mecanismos de controlo da simultaneidade com base no critério de correcção. São uma técnica de controlo de simultaneidade baseada em restrições e uma técnica de controlo de simultaneidade baseada em restrições.

(Ling e Loke, 2002) afirma que os agentes móveis são uma poderosa abstracção para conceptualizar fluxos de trabalho flexíveis distribuídos em grande escala. Praticamente, os agentes móveis podem ser utilizados para sincronizar fluxos de trabalho de diferentes organizações, resultando num fluxo de trabalho inter-organizacional. Esta abordagem discute como "agentes móveis permitem fluxos de trabalho inter-organizacionais" podem ser modelados utilizando técnicas avançadas de redes de petri como as Redes de Fluxo de Trabalho Interorganizacionais. Este modelo fornece um meio para verificar a exactidão dos itinerários dos agentes utilizados na criação de fluxos de trabalho inter-organizacionais. É delineado um algoritmo para a verificação do método. Propõe-se que a forma como as Redes de Objectos Petri podem ser utilizadas para modelar correctamente o itinerário do próprio agente de forma diferente do fluxo de trabalho global em ambiente de computação móvel. Afirma-se que tal modelação pode fornecer uma base formal para analisar fluxos de trabalho inter-organizacionais de agentes móveis que abrangem hospedeiros estacionários e móveis.

No quadro 8.1 são apresentadas as abordagens académicas. A comparação das abordagens é feita tanto para a investigação académica formal como para os produtos da indústria. Na tabela 8.2 são comparados modelos formais entre a investigação académica. Na tabela 8.3, a abordagem proposta é comparada com produtos industriais.

Quadro 8.1. Três abordagens à modelação de processos

Autores	Fonte modelo	Modelo formal	Estudos realizados
Tanik e Suzanne	Processos empresariais	Sistemas de tarefas	sincronização de tarefas
Ling e Loke	Interorganizatio nal Workflow nets	Redes Perti	sincronização de fluxos de trabalho para diferentes organizações
Arpinar	Sistema de fluxo de trabalho	Conjunto e teoria gráfica	Correcção na presença de concorrência

As duas abordagens que são modelo de sistema de tarefas e redes de petri apenas discutem a questão da sincronização relacionada com processos. O trabalho de dissertação (Arpinar, 1998) abordou apenas a concomitância para as actividades. Na dissertação e no fluxo de trabalho inter-organizacional tem de ser evitado o impasse. No caso de fluxo de trabalho inter-organizacional, a álgebra de intinerário precisa de ser ainda mais enriquecida para levar a cabo comportamentos comerciais comuns. Para utilizar o modelo desenvolvido, terão de ser desenvolvidas ferramentas abrangentes não só para compor as redes e itinerários de fluxo de trabalho, mas também para automatizar as análises. A nossa abordagem aborda mais características como determinação, exclusão mútua, impasses, e sincronização para o processo. Estas características são investigadas juntamente com as suas reflexões sobre os atributos do processo ao nível empresarial.

Quadro 8.2. Comparação de abordagens teóricas

Características do modelo formal

Abordagem	Determina cy	Deadloc ks	Exclusão Mútua	Synchronizati on	Ciclo concomitante	Integrati on	Modelação de processos empresariais
Modelo de sistema de tarefas	sim	não	não	sim	sim	não	não
Petri-nets	não	não	não	não	sim	não	não
Conjunto e teoria gráfica	não	não	não	não	sim	não	indirectamente
A nossa abordagem	sim	sim	sim	sim	não	sim	sim

Esta secção apresenta três trabalhos recentes para comparação com a abordagem proposta. (Gruninger e Fox, 2000) na Universidade de Toronto estão a realizar investigação sobre Modelação de Empresas e integração de processos em Engenharia de Empresas. Utilizam a lógica da primeira encomenda para a especificação formal da semântica dos modelos empresariais. Um conjunto integrado de ontologias é criado para apoiar a modelação de empresas. Seis características são usadas para avaliar o modelo de empresa dedutivo. São exaustividade funcional, generalidade, eficiência, perspicuidade, minimalidade, e granularidade de precisão. Esta abordagem parece mais baseada em regras e difícil de seguir. É mais demorado e complexo de implementar (Fox, 1998).

A Sybase está também a fazer investigação na integração de empresas. Está a utilizar aplicações ebiz como ebiz Integrator. Uma vez que são mais orientadas para o negócio, têm de fornecer soluções rápidas aos clientes. Utilizam principalmente interfaces entre componentes. Baseia-se na passagem de mensagens, encaminhamento de dados com base no conteúdo, e sincronização de dados entre diferentes aplicações. A informação está disponível no seguinte sítio da Internet:

www.sybase.com/products/businessprocessintegration

O ebiz desenvolveu uma ferramenta denominada Business Process Integration (BPI). Contém serviços web, tecnologias de fluxo de trabalho, servidores de aplicações, intercâmbio electrónico de dados (EDI), integração de aplicações empresariais (EAI), e integração business-to-business (B2Bi). Está a utilizar tecnologias já existentes. Para a descrição dos fluxogramas dos processos são utilizados. O motor BPI coordena os processos empresariais modelados no fluxograma (Michael, 2002).

A abordagem nesta dissertação utiliza um sistema de tarefas que se verifica ser fácil de implementar. Também os atributos do processo são mapeados para as características da tarefa e são investigados para e após a integração dos processos. A investigação de atributos de processo não é encontrada em nenhuma das pesquisas discutidas acima.

Quadro 8.3. Comparação com os instrumentos implementados

Ferramentas	Modelo	Implementati sobre a dificuldade	Integração	Modelação de processos empresariais
BPI	Diagramas de fluxo	baixo	sim	sim
Integrador ebiz	(indirectamente) álgebra relacional	médio	sim	sim
Toronto Ontologia da Empresa Virtual	Lógica de primeira ordem	alto	sim	sim
A nossa abordagem	Sistemas de tarefas	baixo	sim	sim

Trabalho futuro

O formalismo utilizado para reflectir as questões fundamentais nesta investigação, pode ser complementado por expansões para melhor representar atributos de processo de alto nível. Para este efeito, outros formalismos podem ser investigados para serem utilizados em conjunto com sistemas de tarefas. Podem ser realizados estudos de casos industriais. A validade da abordagem pode ser discutida se as empresas virtuais realizarem realmente a integração. As tentativas de integração disponíveis na indústria podem ser comparadas com a abordagem apresentada nesta tese. Encontrar características e atributos de tarefa mais significativos pode melhorar o trabalho. Uma vez que a integração de processos ainda não está geralmente em prática, não é fácil definir um conjunto estabelecido de atributos. Talvez sejam necessárias várias propriedades quando os processos componentes forem construídos para a integração.

Uma vez aceite a prática, haverá protocolos padrão necessários para especificar melhor os processos individuais das organizações. Espera-se que as empresas desenvolvam interesse e capacidades na apresentação das suas competências nucleares sob a forma de modelos de "processo componente". Tal tendência exigirá protocolos de processos baseados em componentes. Protocolos semelhantes já estão amadurecidos para componentes de software. Uma consequência natural seria a concepção de tais protocolos como trabalho futuro.

9. REFERÊNCIAS

[1] J.R. Abrial, "On Constructing Large Software Systems", *Algorithms, Software, Architecture, Information Processing* 92, J. van Leeuwen ed., vol. I, pp. 103-119, 1992.

[2] Software Process Improvement, White paper, Systematic Software Engineering A/S, 2000. http://www.systematic.dk/pdf-files/spi.pdf

[3] U, Tanik, "A Famework For Internet Enterprise Engineering Based On T-Strategy Under Zero-Time Operations", Tese de Mestrado, Dept.
de Engenharia Eléctrica, Universidade do Alabama em Birmingham,
Birmingham, Alabama. (2001).

[4] J. Hawksworth, "Uma 'Nova' Economia na Europa? *Business,* pp. 1-6, Fevereiro de 2001.

[5] M. M. Tanik e A. Ertas, "Interdisciplinary Design and Process Science": Um Discurso sobre o Método Científico para a Era da Integração". Transactions of the SDPS, vol. 1, No. 1, pp. 76-94, Setembro de 1997.

[6] Shoshani, A., "Detecção, prevenção e recuperação de bloqueios mortos em sistemas multiprocessados de múltiplos recursos". Tese de doutoramento, Departamento de Engenharia Electrotécnica, Princeton Univ., Princeton, N.J. (Out. 1969).

[7] E. G. Coffman e P. J. Denning, *Teoria dos Sistemas Operativos.* Prentice-Hall:
Englewood Cliffs, NJ, 1973.

[8] Broy, M., "Toward a mathematical foundation of software engineering methods" (Rumo a uma base matemática de métodos de engenharia de software). IEEE Transactions on Software Engineering, vol. 27, No. 1, pp. 42-57, Janeiro de 2001.

[9] T Koomen e M. Pol, Test Process Improvement, A practical step-by-ad step guide to structured testing. Addison-Wesley: ACM Press, Grã-Bretanha, 1999. ISBN 0-201-59624-5.

[10] O Modelo de Maturidade de Capacidades: Guidelines for Improving the Software Process, CMU SEI, Addison-Wesley, 1998.

[11] Manual do Utilizador do FunBuilder Funsoft, Austin, Texas, 1999.

[12] Dobbs, J.H., 1998, "O novo campo de batalha da competição": A cadeia de valor integrada", Cambridge Technology Partners.
http://www.ctp.com/insights/527_5_new_battleground.html

[13] Yang, J., e Papazoglou, M., 2000, "Interoperation Support for Electronic Business", *Communications of the ACM,* Vol. 43(6), pp. 39-47.

[14] B. Curtis, M. I. Kellner, e J. Over, "Process Modelling", Communications of the ACM, Vol, 35, No. 9, Setembro de 1992, pp. 75-90.

[15] V Gruhn, e S. Lembke, "Integration of Petri net based process description with different data modeling techniques", *Integrated Design and Process Technology,* IDPT-Vol. 4, Julho, 1998, pp. 105-112.

[16] G. G. Mou e M. M. Tanik, "A Comparative Study of Process Synchronization Models For Deadlock Condition in resource Allocation", *Integrated Design and Process Technology, IDPT* 1999.

[17] S.N. Delcambre, e M.M. Tanik, "Using Task System Templates to Support Process Description and Evolution", *Journal of System Integration,* Kluwer Academic Publishers, Boston, Manufactured in The Netherlands, vol. 8, 1998, pp. 83-111.

[18] P. M. Brusilovskiy, e L. M. Tilman, "Incorporating expert judgement into multivariate polynomial modeling", *Decision Support Systems,* Vol. 18, 1996, pp. 199-214.

[19] A. M. Davis, *Software Requirement, objects, functions, and states,* University of Colarado at Colarado Springs, PTR Prentice Hall, Englewood Cliffs, New Jersey 07632, 1993, 1990.

[20] A. Dogru, linguagem de modelação de engenharia de software orientada para componentes: COSEML, relatório técnico TR-99-3, departamento de engenharia informática, Universidade Técnica do Médio Oriente, Ancara, Turquia, 1999.

[21] V Ahuja, "Exposure of Routed Networks to Deadlock", Tese de Doutoramento, Universidade da Carolina do Norte, 1976.

[22] R. C. Holt, "Comments on prevention of system deadlocks", *Communications of the ACM*, 14, 1 pp. 36-38, 1971.

[23] I. B. Arpinar, "Formalização de fluxos de trabalho e questões de correcção na presença de concorrência", Dissertação de doutoramento, Departamento de Engenharia Informática, Universidade Técnica do Médio Oriente, Ancara Turquia. (1998).

[24] S. Ling, S. W. Loke, "Advanced petri nets for modelling mobile agent enabled interorganizational workflows", Nona Conferência e Workshop Internacional IEEE sobre Engenharia de Sistemas Baseados em Computadores, Lund, Suécia, 8-11 de Abril de 2002.
[25] Towards Formal Foundations for Value-Added Chains through CoreCompetency Integration over Internet, Manzer, A., *Integrated Design and Process Technology*, IDPT-2002, Pasadena, California, USA, Junho, 2002.

[26] Formal Modeling for the Composition of Virtual Enterprises, Manzer, A., Dogru, A., IEEE TC - ECBS e IFIP WG10.1, *International Conference on Engineering of Computer-based Systems*, Lund, Suécia, 8 -11 de Abril de 2002.

[27] G. Larsen. Estruturas Empresariais Baseadas em Componentes. Comunicações da ACM, 43(10), Outubro de 2000.

[28] J. Hopkins. Primer de componentes. Comunicações da ACM, 43(10), Outubro de 2000.

[29] C. Kobryn. Modelação de Componentes e Estruturas com UML. Comunicações da ACM, 43(10), Outubro de 2000.

[30] M. E. Fayad, D. S. Hamu, e D. Brugali. Características, Critérios e Desafios da Estrutura de Empresas. Comunicações da ACM, 43(10), Outubro de 2000.

[31] M. Sparling, Lesson Learned Through Six years of Component-based Development. Comunicações da ACM, 43(10), Outubro de 2000.

[32] L. Jian, L. Yimgjun, M. Xiaoxing, C. Min, T Xianping, Z. Guanqun, e L. Jianzhong. Uma

Estrutura Hierárquica para Aplicações Sísmicas Paralelas. Comunicações do ACM, 43(10), Outubro de 2000.

[33]   P. Fingar. Estruturas baseadas em componentes para E-Commerce. Comunicações da ACM, 43(10), Outubro de 2000.

[34]   Gruninger, M., Atefi, K., e Fox, M.S., (2000), "Ontologies to Support Process Integration in Enterprise Engineering", *Computational and Mathematical Organization Theory,* Vol. 6, No. 4, pp. 381-394.

[35]   Fox, M.S., Gruninger, M., (1998), "Enterprise Modelling", *AI Magazine,* AAAI Press, Fall 1998, pp. 109-121.

[36]   Simplificar o Mercado de Integração: BPI Is Here to Stay, Michael Aubin, COO, Metaserver, 2002.

http://eai.ebiz.net/bpm/aubin_1.html

I want morebooks!

Buy your books fast and straightforward online - at one of world's fastest growing online book stores! Environmentally sound due to Print-on-Demand technologies.

Buy your books online at
www.morebooks.shop

Compre os seus livros mais rápido e diretamente na internet, em uma das livrarias on-line com o maior crescimento no mundo! Produção que protege o meio ambiente através das tecnologias de impressão sob demanda.

Compre os seus livros on-line em
www.morebooks.shop

Printed by Books on Demand GmbH, Norderstedt / Germany